碳达峰与碳中和国际经验研究

生态环境部对外合作与交流中心　编著

中国环境出版集团·北京

图书在版编目（CIP）数据

碳达峰与碳中和国际经验研究/生态环境部对外合作与交流中
心编著. —北京：中国环境出版集团，2021.7（2022.6 重印）
ISBN 978-7-5111-4747-9

Ⅰ．①碳… Ⅱ．①生… Ⅲ．①二氧化碳—排污交易—
经验—世界 Ⅳ．①X511

中国版本图书馆 CIP 数据核字（2021）第 116925 号

出 版 人	武德凯	
策划编辑	郭媛媛	
责任编辑	孔 锦	
责任校对	任 丽	
封面设计	岳 帅	

更多信息，请关注
中国环境出版集团
第一分社

出版发行　中国环境出版集团
　　　　　（100062　北京市东城区广渠门内大街 16 号）
　　　　　网　　址：http://www.cesp.com.cn
　　　　　电子邮箱：bjgl@cesp.com.cn
　　　　　联系电话：010-67112765（编辑管理部）
　　　　　　　　　　010-67112735（第一分社）
　　　　　发行热线：010-67125803，010-67113405（传真）
印　　刷　北京建宏印刷有限公司
经　　销　各地新华书店
版　　次　2021 年 7 月第 1 版
印　　次　2022 年 6 月第 3 次印刷
开　　本　787×960　1/16
印　　张　7
字　　数　100 千字
定　　价　59.00 元

前　言

2020年9月，中华人民共和国主席习近平在第75届联合国大会一般性辩论上郑重承诺，"中国将提高国家自主贡献力度，采取更加有力的政策和措施，二氧化碳排放力争于2030年前达到峰值，努力争取2060年前实现碳中和"。碳达峰与碳中和愿景的提出是党中央、国务院统筹国际国内两个大局做出的重要战略决策，影响深远、意义重大。对外展现了我国作为负责任大国在推动构建人类命运共同体中的担当，对内明确了我国应对气候变化工作的新要求，为我国新冠肺炎疫情后加速低碳转型和实现绿色发展指明了方向。

中国作为全球碳排放量最大的发展中国家，与欧美等发达国家相比，我国实现碳中和目标需付出更多努力。从排放总量看，我国碳排放总量约为美国的2倍、欧盟的3倍，实现碳中和所需的碳减排量远高于其他经济体；从发展阶段看，欧美各国已实现经济发展与碳排放脱钩，而我国尚处于经济上升期、排放达峰期，需兼顾能源低碳转型和经济结构转型，统筹考虑控制碳排放和发展社会经济的矛盾；从碳排放发展趋势看，匈牙利、英国等在1990—2000年实现了碳达峰，美国、加拿大等在2000—2010年实现了碳达峰，这些国家距离2050年实现碳中和有50~70年的窗口期。我国计划从2030年前碳排放达峰到2060年实现碳中和的时间仅为30年，明显短于欧美等国。我国为实现碳中和目标面临的挑战和所要付出的努力远远大于欧美国家。

为积极有效配合我国的碳达峰行动，吸收借鉴发达国家绿色低碳发展和管理经验，生态环境部对外合作与交流中心就欧盟、美国、日本、韩国、德国等国家和地区低碳发展立法、碳市场交易管理、能源结构转型、低碳技术研发，特别是实施碳减排和实现碳中和发展路径进行了研究，梳理了上述国家和地区在该领域已形成的各具特色的对策和举措，可供我国借鉴和参考。

本书将具有典型代表性的国家和地区包括欧盟、美国、日本、韩国、德国等的碳减排举措和碳中和路径进行了分析比较和归纳总结。在低碳发展立法方面，欧盟出台了《欧洲绿色新政》，制定了碳中和愿景下的长期减排战略规划；英国颁布了《气候变化法案》，成为全球第一个通过立法形式明确 2050 年实现碳中和的国家。在能源系统转型方面，各国采取多种举措降低化石能源消费占比，最大限度地部署可再生能源发电，德国制定了 2038 年完全去煤的能源转型目标，日本、韩国等积极发展氢能战略。在碳市场建设管理方面，欧盟建立了世界首个，也是世界最大的碳排放交易市场，是欧盟应对气候变化政策的基石和实现减排的关键工具；韩国也建立了"总量控制与交易"的碳排放交易体系，利用市场机制实现温室气体减排。在低碳技术发展方面，美国积极发展低碳电力技术、新能源技术，将碳捕集、利用与封存（CCUS）技术列为气候变化技术项目战略计划框架下的优先领域。

本书在编著过程中，得到生态环境部相关司局的指导和清华大学、中国人民大学、中国 21 世纪议程管理中心、中春环保科技（上海）有限公司等单位的支持，在此对在本书资料整理中给予帮助的人员表示衷心的感谢！

由于时间仓促，书中难免有疏漏和不完善之处，敬请国内外专家学者多批评指正。

编   者
2021 年 3 月

目　录

第一章

全球主要国家碳中和目标、举措及启示①

　　2020 年 9 月，中华人民共和国主席习近平在第 75 届联合国大会一般性辩论上郑重承诺，"二氧化碳排放力争于 2030 年前达到峰值，努力争取 2060 年前实现碳中和"。这是我国在《巴黎协定》之后第一个明确的长期气候目标愿景。

　　截至目前，全球已有英国、德国、日本等 30 多个国家确定了碳中和目标。经研究发现，发达国家的主要经验包括：一是制定了相对完善的气候变化法规体系，及时准确评估减排政策的实施效果；二是重视能源结构调整，采取多种举措降低化石能源消耗，向可再生能源体系转变；三是重视公平转型，保证转型过程中的能源供给和社会公平，谨防能源贫困问题的发生；四是鼓励碳中和技术创新，重点是可再生能源发电和储能等关键技术；五是充分利用碳市场的调节机制，激励企业自发进行低碳转型。为推进碳达峰、碳中和愿景目标的实现，结合我国实际情况，本书就促进我国低碳发展提出以下对策建议：加强应对气候变化顶层设计、加快能源结构

① 翟桂英、王树堂、崔永丽、杨大鹏执笔。

转型、保障公平转型、开展低碳关键技术研发和推广应用、加快推进全国碳排放权交易市场建设、强化地方达峰行动并鼓励有条件地区先行示范、讲好碳中和愿景下的中国故事等。

一、全球主要国家碳中和愿景

目前，越来越多的国家政府正在将碳减排行动转化为国家战略，全球已有 30 多个国家确定了碳中和目标，其中，欧盟最先制定长期减排目标，已有 11 个成员国提出碳中和目标年。此外，还有州政府（美国加利福尼亚州）、城市（芬兰赫尔辛基市）、跨国公司（苹果公司）等自发加入低碳发展战略，提出了碳中和目标。

从碳中和来看，德国、法国、瑞典等多个欧盟成员国以立法的形式明确了实现碳中和的政治目标，并提出了实现碳中和的可行路径；西班牙等已制定了相关法律草案，为碳中和立法奠定了基础；多个国家以国家领导人在公开场合的政策宣示和提交联合国的长期战略的形式做出承诺，尚未形成可行性强的规范性文件。从目标年份来看，以在 2050 年实现碳中和为主。

二、全球主要国家碳中和行动计划

主要发达国家已经在碳中和立法、政策体系、发展路线、行动方案等方面制定了一系列措施。本书通过研究和讨论欧盟及英国、美国等国家和地区的碳中和措施及经验，以期为我国碳中和道路提供一定的借鉴。

1. 欧盟

欧盟委员会最早于 2018 年 11 月发布《为所有人创造一个清洁地球——将欧洲建设成为繁荣、现代、具有竞争力和气候中性经济体的长期战略愿景》，提出在 2050 年实现碳中和。2020 年 3 月 4 日，欧盟委员会向欧洲议会及董事会提交《欧洲气候法》提案，拟将碳中和目标变为一项具有法律约束力的目标。迄今，欧盟已经初步建立了相对完善的低碳发展法规政策体系和发展路线图（表 1-1）。

表 1-1　全球碳中和承诺的国家和地区

承诺性质	国家和地区（碳中和目标年）
法律规定	瑞典（2045 年）、英国（2050 年）、法国（2050 年）、匈牙利（2050 年）、丹麦（2050 年）、新西兰（2050 年）、德国（2050 年）
立法草案或议案	欧盟（2050 年）、西班牙（2050 年）、智利（2050 年）、斐济（2050 年）
政策宣示	冰岛（2040 年）、奥地利（2040 年）、加拿大（2050 年）、韩国（2050 年）、日本（2050 年）、南非（2050 年）、瑞士（2050 年）、挪威（2050 年）、葡萄牙（2050 年）、中国（2060 年）
提交联合国的长期战略	乌拉圭（2030 年）、斯洛伐克（2050 年）、哥斯达黎加（2050 年）、马绍尔群岛（2050 年）、新加坡（21 世纪后半叶）
执政党协议或政府工作计划	芬兰（2035 年）、爱尔兰（2050 年）、美国（2050 年）
行政命令	美国加利福尼亚州（2045 年）

注：拜登竞选网站公布的《清洁能源革命和环境正义计划》中提到在 2050 年之前，美国实现 100%的清洁能源经济和净零排放。

数据来源：Energy & Climate Intelligence Unit 信息总结。

《欧洲气候法》详细规划了在 2050 年实现碳中和目标需要采取的必要步骤：①根据碳减排路径及温室气体综合全面影响力评估，出台了《2030 年气候目标计划》，将欧盟至 2030 年的温室气体减排目标上调，使排放量比 1990 年水平至少低 55%，较之前 40% 的目标有了大幅提升；②审核所有减排相关政策工具，在必要时出台修订提案；③将设计制定 2030—2050 年欧盟范围温室气体减排轨迹线提案，用以衡量减排进展情况，为公共部门、企业界和公民提供可预测性；④每 5 年一次，对欧盟和成员国国家措施与欧盟气候中立目标及 2030—2050 年减排轨迹线的一致性进行评估。

自 2018 年起，欧盟不断完善碳中和政策体系。2019 年 12 月发布了《欧洲绿色新政》，制定了碳中和愿景下的长期减排战略规划，从能源、工业、建筑、交通、粮食、生态和环境 7 个重点领域规划了长期碳减排行动政策路径，强调最大限度地提高能源效率，包括实现建筑零排放；最大限度地采用可再生能源；支持清洁、安全、互联的出行方式；促进工业转型和循环经济；建设充足的智能网络基础设施；从生物经济中全面获益并建立基本的碳汇；充分利用碳捕获与封存（Carbon Capture and Storage，CCS）技术等。

能源系统转型是欧盟政策的重心，要求最大限度地部署可再生能源发电。2020 年 7 月 8 日，欧盟委员会通过了欧盟能源系统一体化和氢能战略，为实现完全脱碳、效率更高和多种能源关联的能源部门铺平道路。2020 年 11 月，欧盟委员会发布了《利用海上可再生能源的潜力实现碳中和未来的战略报告》，要求在 2030 年和 2050 年分别实现海上风电装机 60 GW 和 300 GW，既能满足脱碳目标，又能以成本较低的方式满足电力需求的预期增长，确保欧盟实现可持续的能源转型。

建筑部门通过翻新实现建筑节能，大力提高能源效率。欧盟委员会于 2020 年 10 月 14 日发布了一项名为"欧洲的创新浪潮——绿化我们的建筑物，创造就业机会，改善生活"的发展策略，通过了建筑智能化标准，要求未来 10 年内使建筑能源效率提升 1 倍，结合可再生能源资源的使用，减少建筑部门温室气体排放，并在建筑业创造多达 16 万个额外的绿色就业岗位。

促进工业转型和循环经济，提出以资源可持续利用为重点的循环经济行动计划，要求对电子产品、纺织品、塑料制品等实现回收和多级循环利用，减少城市垃圾。此外，欧盟还出台相关政策，促进中小型企业的绿色转型和数字化转型，提高中小企业的低碳化发展水平。

欧盟拟设立"气候银行"，计划拨款 400 亿欧元的"公平转型基金"用来补偿能源转型政策下受影响的欧盟成员国。该基金将支持清洁能源研发、高碳排放设施改造、工人转型再培训及失业救助等，减少能源转型政策对相关产业和从业人员的经济损失，保障能源的公平转型。

2．德国

2019 年 11 月，德国联邦议院通过了《气候保护法》，首次以法律形式确定德国中长期温室气体减排目标，到 2030 年实现温室气体排放总量比 1990 年至少减少 55%，在 2050 年实现碳中和。《气候保护法》为能源、工业、建筑、交通、农业、废弃物等重点领域规划了明确的减排路线图，明确了在 2030 年前能源、工业、建筑、交通、农林等不同部门的碳预算和中期减排目标，并将在 2025 年制定 2030 年以后的年度排放预算。德国议会根据 5 年一次气候报告评估结果，对中长期气候政策进行校订，以不断调整低碳发展进程和评估碳减排效果。

能源领域减排是德国实现碳中和目标的关键。2019 年 1 月，德国煤炭委员会设计了退煤路线图，计划在 2038 年全面退出燃煤发电，在 2022 年关闭 1/4 煤电厂。2020 年 7 月，德国通过了《退煤法案》，确定到 2038 年退出煤炭市场，并就煤电退出时间表给出详细规划，并有望在 2035 年提前退出煤电。德国在《退煤法案》实施过程中高度重视煤炭产区和从业者的公平转型。2020 年 1 月，德国联邦与州政府就淘汰燃煤的条件谈判达成共识，将斥资 400 亿欧元补贴淘汰燃煤地区因能源转型造成的损失，包括向电厂运营商支付一定的经济补偿，实现能源基础设施和电力系统的现代化。同时，联邦政府每年将从财政预算中划拨 20 亿欧元，为煤矿工人和电厂职工等提供再培训和就业机会，确保以社会可接受的方式实施公平转型。

重视可再生能源利用，大力发展可再生能源发电技术，实现交通、供暖、工业等部门的广泛电气化，计划在 2030 年和 2050 年可再生能源发电量占比分别达到 65% 和 80%，可再生能源消费分别占终端能源消费的 30% 和 60%。

建立健全国家碳排放交易系统，向销售汽油、柴油、天然气、煤炭等能源产品的企业出售排放额度，还将交通和建筑领域纳入德国碳排放交易系统，碳定价将从 2021 年起以 10 欧元/t CO_2 的固定价格开始，至 2025 年逐步升至 35 欧元/t CO_2。从 2026 年起，碳价格将按市场供需，以拍卖的方式确定价格，价格区间限定在 35～60 欧元/t CO_2。德国总理默克尔表示，碳定价将成为德国实现气候目标的有效途径之一。

德国的碳中和措施还包括：对大多数建筑物进行能源改造；发展氢能基础设施，促进工业碳减排；减少液体肥料甲烷排放，碳捕集与封存技术开发和使用。

3．英国

2019 年 6 月，英国议会通过了《气候变化法案》的修订，要求在 2050 年实现碳中和。英国成为第一个通过立法形式，明确在 2050 年实现零碳排放的发达国家。

早在 2008 年英国就颁布了《2008 气候变化法案》，确定了世界上第一个具有法律约束力的长期排放目标，2050 年的温室气体排放量比 1990 年减少 80%。建立了具有法律效力的碳预算约束机制，设立了到 2032 年的第 5 个"碳预算"。为实现长期气候目标，英国设立了独立的机构气候变化委员会，该委员会为英国政府提供排放目标、碳预算、国际航运排放的建议，以及向议会报告温室气体减排和适应气候变化影响相关事宜的进展。英国《2020 进展报告》中提出，为了实现净零排放，需要在未来 30 年内实现每年约 15.5×10^6 t 二氧化碳当量的平均减排量。此外，英国碳排放交易系统（UK ETS）为长期碳减排目标提供了资金支持和市场化环境。

尽管英国碳中和目标具有法律约束力，但英国政府并未出台针对碳中和的专项措施。2020 年 9 月，英国首相约翰逊表示将制定到 2050 年实现温室气体净零排放的具体措施。目前，英国排放量最高的 4 个部门是交通运输、能源、商业和居民住宅，4 个部门的排放量总和约占目前排放量的 78%，未来碳中和措施制定也将聚焦在这 4 个部门。

4．美国

拜登团队的气候策略将对未来 4 年美国政府的气候变化目标产生重要影响。在气候变化目标方面，拜登团队承诺要在 2035 年前实现无碳发电，在 2050 年前达到碳净零排放，实现 100%的清洁能源经济。拜登将签署行政令，要求国会在第一年颁布立法，建立一个执行机制，以实现 2050 年的目标，并设计 2025 年里程碑目标。

美国加大绿色基础设施投资，重建道路、桥梁到绿色空间、电网系统、水系统等，抵御气候变化的影响。为实现制定的能源相关政策目标，拜登提出的投资总规模为2万亿美元,并计划在他的第一个任期内部署这些资源。

鼓励清洁能源创新。将锂离子电池成本降低,并广泛应用到电网储能;开发可再生氢气,制造成本低于页岩气的氢气;发展先进的核能技术;在钢铁、混凝土、化学品生产等工业过程中发展碳捕集技术。

减少交通运输造成的温室气体排放,制定严格的新燃油经济性标准,以确保轻型和中型车辆达到 100%的新增销量,重型车辆将实现在年度内改进。要求在美国全州建立 50 万个充电站,以便能够在 2030 年前实现电动汽车的全面发展。

推动建筑节能。计划 4 年内对 400 万栋建筑实行节能升级;通过新型设备和建筑效率标准,来节省消费者支出和减少排放;推动建设 250 万套节能住宅和公共住房;在 2035 年,所有新商业建筑实现净零排放。

三、全球主要国家推进碳中和的经验

欧盟是全球碳中和愿景的有力倡导者,德国是致力于实现能源转型的范例,美国将在全球碳中和进程中发挥较大的作用,主要发达国家在落实碳中和愿景进程中产生了一系列可借鉴的经验。

1.制定气候变化法律法规,评估减排政策的实施效果

欧盟、英国、德国等国家和地区率先将碳中和这一政治承诺付诸立法,明确了碳中和目标的法律地位。同时,欧盟及各国制定了相对完善的低碳发展法律法规体系,在能源、工业、建筑、交通等关键领域设计了相对完善的减排路线图,明确了短期、中期、长期减排目标。

准确评估减排政策的效果。实现碳中和目标涉及长时期、全方位、多

领域的转型工作部署，需要及时、准确评估减排政策和措施的效果，准确制定阶段性气候目标。欧盟在政策发布前，需审核所有与减排相关的政策工具，评估其可能发挥的作用，未来还将对欧盟和成员国国家措施与欧盟气候中和目标及 2030—2050 年减排轨迹线的一致性进行评估。英国还设立了独立的气候变化委员会，将评估排放目标、碳预算、减排进展等的一致性。

2. 优化能源结构，降低化石能源消耗，加快推进新能源产业发展

能源系统转型是碳中和的关键，各国采取多种举措降低化石能源消费占比，最大限度地部署可再生能源发电，向可再生能源体系转变。欧盟实施了能源系统一体化和氢能战略，要求能源部门实现完全脱碳；德国制定了 2038 年完全去煤的能源转型目标；瑞典、韩国等制定了不断提高可再生能源份额的相关政策，逐步提高可再生能源的装机容量，实现向可再生能源转变的能源系统转型升级。

3. 重视公平转型，预防"能源贫困"

欧盟成员国之间的经济发展水平、能源消费结构各不相同，欧盟的能源转型政策对传统能源行业依赖性强的中东欧国家带来较大挑战，因此欧盟设立了"公平过渡机制"和"公平转型基金"，重点帮扶传统能源行业依赖性强的国家，保证转型过程的能源供给和社会公平，对传统能源行业从业者进行一定的补贴。德国在去煤过程中对煤炭产区、企业和从业者实行补贴，包括给煤电企业和低收入家庭提供直接转移支付，对工人提供培训和就业安置帮助等。

4. 鼓励低碳技术研发

欧盟、英国、韩国等国家和地区纷纷加大了对节能、储能、新能源和

碳移除等技术的投资，鼓励碳中和关键技术的研发和创新。目前，碳中和关键技术主要有以下方面：以可再生能源和核能等为代表的非化石能源利用技术；工业、建筑、交通等领域的电气化技术；以碳捕集、利用、封存为代表的碳移除技术；清洁能源有效存储技术等。

5．发挥碳市场的基础作用，激励企业低碳转型

欧盟排放交易体系是世界首个，也是全球最大的碳排放交易市场，占国际碳交易总量的 3/4 以上，是欧盟应对气候变化政策的基石，是应对气候变化、以符合成本效益原则减低温室气体排放的关键工具。欧盟各国和整个欧盟层面重视市场机制对实现碳中和目标的作用，意图扩大碳市场覆盖领域，逐步提高碳排放许可的价格，以提高价格信号的可预测性，进一步鼓励人们在清洁技术和能源效率提高等方面进行投资，以刺激高碳企业的转型。

四、实现我国碳中和愿景的政策建议

从中长期发展的角度来看，经济发展、能源转型、环境质量改善与应对气候变化是协同一致的。我国处于社会主义现代化建设进程中，工业化、城镇化进程不断推进，对能源转型、生态环境改善提出了新的要求。从长期来看，碳中和愿景将进一步推动能源革命，促进产业升级、产品革新，为我国经济增长培育和提供新的经济增长点。我国需要从多维度发力推动碳中和愿景的实现。

1．加强应对气候变化的顶层设计

制定并实施《国家应对气候变化法》，以法律形式保障应对气候变化战

略、机制和政策体系的实施以及长期减排目标的实现。统筹应对气候变化立法与《节能法》《可再生能源法》《环境保护法》等相关法律，确立国家统一管理和地方部门分工负责相结合的应对气候变化管理体制。加强二氧化碳统计核算考核，建立和完善国家二氧化碳排放统计核算、目标考核和责任追究制度，建立国家、地方、企业常态化二氧化碳排放统计和核算体系，加快建立碳排放预测预警体系，加强碳排放形势分析和决策支撑体系建设。

2．优化能源结构

按照构建清洁、低碳、安全能源体系的总目标，减少煤炭消费，增加清洁能源供应。完善能源消费双控制度，合理控制能源消费总量，推动能源消费强度持续下降，重点控制煤炭和石油等化石能源消费。提高可再生能源的比例，实现向可再生能源主导的电力系统脱碳的跨越式转变，实现能源生产和能源消费革命，加速太阳能、风能、氢能等新能源技术研发和推广应用。鼓励地区间优化能源结构的合作，扩大可再生能源的跨区消费。

3．保障能源系统转型过程中的公平

能源系统转型必须注意煤炭相关产业、地区和从业人员的"公平转型"，做好转型过程中的监测、评估和调整工作。为煤炭生产、消费相关产业及煤炭依赖程度较高地区提供可靠的转型方案，保障相关产业的能源供应安全，尽量降低相关地区和相关产业转型中的经济损失。重视引导煤炭相关从业人员的再就业，通过建立专项资金，保证从业人员的收入水平和社会福利，为其提供针对性的再培训、再教育计划或创业辅导等，确保相关从业者"零失业"，防范社会不稳定因素的产生。

4．加强低碳关键技术研发和推广应用

建设一批低碳技术研发创新国家级基地和重点实验室，加快先进核能，

氢能，可再生能源，智能电网，近零碳建筑，新能源汽车，储能，碳捕集、利用与封存等关键技术的研发创新。密切关注当前技术还不太成熟、成本较高，但对深度脱碳可发挥关键作用的前沿技术。提前部署碳中和技术示范和产业化，强化低碳技术系统集成和产业化能力。探索构建低碳技术市场，促进低碳研发创新。加大对关键技术的投资力度，鼓励社会资本对低碳技术进行投资。

5．加快建设全国碳排放权交易市场

落实生态环境部于 2020 年 12 月 31 日发布的《碳排放权交易管理办法（试行）》有关要求，完善全国碳排放权交易制度建设，启动运行全国碳排放权交易市场。切实实施全国碳排放配额总量控制，逐步收紧碳排放配额总量，探索配额的有偿分配。逐步丰富全国碳市场的交易主体、交易产品和交易方式。积极发挥全国碳市场促进行业和地方碳减排的作用。逐步扩大碳市场覆盖领域，通过市场机制推动高碳企业的转型。

6．强化地方碳达峰行动，鼓励有条件的地区开展碳中和先行示范

开展应对气候变化专项规划，科学准确设定"十四五"减排目标，为 2030 年前碳排放达峰和 2060 年前碳中和的目标打下坚实基础。尽快制定省级二氧化碳排放达峰行动方案，全面摸清本地区二氧化碳排放历史、认清排放现状、分析排放趋势、研判峰值目标，明确减排任务。在有条件的辖区率先开展碳中和先行先试，提出有力度的碳中和愿景及实施路线图，实现能源、工业、建筑、交通等领域的深度脱碳。

7．讲好碳中和愿景下的中国故事

在复杂的国际政治格局背景下，我国主动做出碳中和承诺，推动新冠肺炎疫情后世界经济的"绿色复苏"，向国际和国内展示了我国应对气候

变化的信心和担当。加强国际舆论引导，多渠道、多角度地做好面向国际社会的宣传。加强与国际组织以及多边学术机构合作，定量评估我国应对气候变化新目标对《巴黎协定》长期目标的贡献。定期向国际社会公布我国在碳中和愿景下所制定的路线图、采取的行动方案，宣传取得的阶段性成果，提升我国应对气候变化的国际影响力。

第二章

全球主要国家碳排放达峰综述[1]

世界主要国家都在转向低碳发展。截至 2017 年，全世界已有 49 个国家的碳排放达到峰值。英国、法国、德国、美国、日本等主要发达国家制定了低碳发展战略，在低碳发展立法、建立碳排放交易市场、调整能源结构、加强新能源和低碳技术研发、提高公众意识等方面进行了积极的探索，积累了丰富的经验。①欧盟通过严格立法，要求成员国制定自身低碳发展的可行方案。建立了全球最先进的碳市场，使私营经济体参与欧盟的低碳转型。欧盟重视低碳文化，使其低碳发展体系不局限于"生产"领域，同时也扩展到"消费"领域。②美国颁布了"应对气候变化国家行动计划"，明确减排的最大机遇存在于电厂、能源效率、氢氟碳化合物和甲烷四个领域。推出了"清洁电力计划"，提出了对现有和新建燃煤电厂碳排放的限制目标，并考虑了改善空气质量对公众健康的协同效益。此外，以加利福尼亚州为代表的地方行动为美国低碳发展注入了活力。③日本公布了《绿色经济与社会变革》的改革政策草案，规定了降低温室效应气体排放的基

---

① 王树堂、崔永丽、王振阳、莫菲菲、赵敬敏、周七月、奚旺执笔。

本措施。重视低碳技术的研发，每年投入巨资致力于发展低碳技术。此外，把发展可再生能源作为降碳的重要举措。

结合我国实际情况，本书就促进我国低碳发展提出以下对策建议：一是加强顶层设计，不断完善法规政策体系，尽快启动碳排放峰值管理进程，从排放量增速、峰值幅度和达到峰值后减排路径等方面，形成峰值管理框架；二是充分借鉴欧盟在碳排放交易市场运行过程中的管理经验，加快建设全国性碳排放交易市场；三是构建完整的低碳技术体系，促进可再生能源技术和低碳技术研发、示范和推广应用；四是推进低碳文化创新，引导低碳生活方式。

一、全球碳排放达峰情况概述

根据世界资源研究所发布的报告，截至 2017 年，全世界有 19 个国家在 1990 年以前就实现了碳排放达峰，包括德国、匈牙利、挪威、俄罗斯等。在 1990—2000 年实现碳排放达峰的国家有 14 个，包括法国、英国、荷兰等。在 2000—2010 年实现碳排放达峰的国家有 16 个，包括巴西、澳大利亚、加拿大、意大利、美国等。中国、新加坡的碳排放预计在 2030 年以前达峰（表 2-1）。

表 2-1　部分国家碳排放达峰时间、碳中和时间

序号	国家	碳达峰时间	碳中和时间
1	日　本	2020 年以前	
2	新西兰	2020 年以前	2050 年
3	韩　国	2020 年以前	2050 年
4	美　国	2007 年	

序号	国家	碳达峰时间	碳中和时间
5	西班牙	2007 年	2050 年
6	瑞　士	2000 年	2050 年
7	丹　麦	1996 年	2050 年
8	比利时	1996 年	2050 年
9	荷　兰	1996 年	2050 年
10	瑞　典	1993 年	2045 年
11	波　兰	1992 年	2056 年
12	法　国	1991 年	2050 年
13	英　国	1991 年	2050 年
14	卢森堡	1991 年	2050 年
15	德　国	1979 年	2050 年

数据来源：https：//www.wri.org/。

　　研究一个国家的温室气体排放峰值，需要综合考虑经济发展速度、工业化、城镇化、能源发展、控制技术等诸多因素，分析能源活动、工业生产过程、农业、废弃物处理等各个领域温室气体排放规律与特点。

　　碳排放总量和经济发展水平有一定相关性。碳排放总量随着经济发展出现先上升后下降的状况，但这一变动趋势在不同国家呈现不同特征。通过对主要发达国家及发展中国家温室气体排放源和气体构成的初步分析可知，这些国家温室气体排放峰值一般是出现在经济增长速度较低、人均GDP 较高的条件下。CO_2 排放峰值出现时间一般比 CH_4 和 N_2O 晚 10 年左右，CO_2 排放量比重越高温室气体峰值越难出现；能源活动温室气体排放峰值出现时间一般比工业生产过程晚 10 年左右，控制非能源活动温室气体排放易使峰值提早出现。

　　①欧盟作为整体早在 1990 年就出现了温室气体排放峰值，英国、法国等 1990—1991 年出现 CO_2 排放峰值；意大利、西班牙等在 2007 年左右出

现 CO_2 排放峰值。②美国于 2007 年出现碳排放峰值,比英国、法国晚 15 年以上,但这种 CO_2 排放峰值出现的时间是在全球金融危机爆发前,其时间的真实性尚需观察。③自 1990 年起,日本 CO_2 总排放量呈缓慢上升的趋势,分别于 2005 年、2013 年出现第一、第二次峰值(图 2-1)。

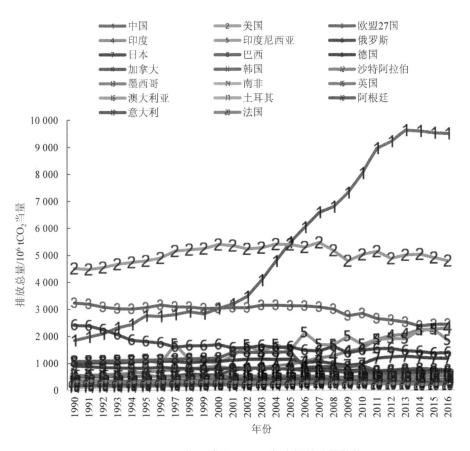

图 2-1　G20 集团成员国 CO_2 年度排放总量趋势

数据来源:https://www.climatewatchdata.org。

二、全球主要国家低碳发展措施和经验

1．欧盟及主要成员国

（1）碳排放趋势（图 2-2）

虽然欧盟的各成员国所处的阶段具有很大的差异，欧盟作为整体早在 1979 年就出现温室气体排放峰值，随后欧盟整体的碳排放呈逐渐下降的趋势。1990 年欧盟人均碳排放量为 6.8 t CO_2/人，截至 2016 年，欧盟的人均碳排放量降至 4.7 t CO_2/人。现有的减排成果为其进一步制定气候政策、推进欧盟整体低碳发展建立了信心。

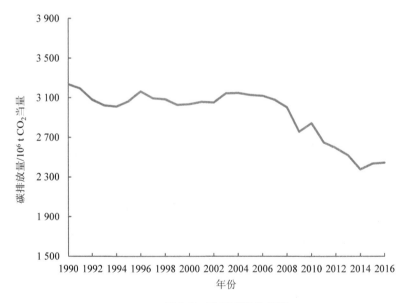

图 2-2 欧盟碳排放趋势

数据来源：https：//www.climatewatchdata.org/。

（2）欧盟低碳发展措施和经验

欧盟的碳排放与经济发展取得"硬脱钩"。欧盟的气候政策、碳排放交易市场和低碳文化是低碳发展的三个关键要素,这三个要素间相互依存、相互制约,共同推动着欧盟整体的低碳发展。

第一,严格的气候政策是欧盟低碳发展体系的基础。欧盟将政策同法律结合在一起,对气候政策进行严格立法,要求成员国根据欧盟整体的减排目标确定自身低碳发展的可行方案,自上而下地拉动欧盟总体减排目标的实现。虽然全球气候谈判具有很强的不确定性,使得欧盟必须在综合自身内部战略和对外政策的基础上不断地修改和完善气候政策,但从欧盟最新制定的一系列气候政策来看,完善碳排放交易体系、发展可再生能源和提高能效依然是其气候政策的主要目标。

第二,碳交易市场是实现低碳发展的主要工具。作为全球最先进的碳交易体系,欧盟碳排放交易体系（EUETS）已进入第三阶段,碳排放交易体系中不同类别的碳价已成为最具参考价值的碳交易市场价格。通过成熟的碳交易市场,欧盟将交易盈利投入低碳技术研发和低碳技术创新中,如欧盟的碳捕集和碳封存项目以碳交易盈利作为后续资金。同时,碳排放交易体系为私营经济体提供了广阔的平台,使得私营经济体参与欧盟的低碳转型,将它们同欧盟的气候政策密切连接起来,以此形成低碳发展的市场推力,自下而上地推动欧盟减排目标的实现。此外,欧盟碳排放交易体系作为欧盟气候政策的主要策略,在加快推动欧盟低碳转型的同时也缩小了欧盟各成员国间的经济差异,促进了欧盟经济一体化。

第三，低碳文化通过对民众理念的影响来推动低碳发展。巩固低碳发展成果的同时又促进了低碳发展的多元化。重视低碳文化使欧盟的低碳发展体系不局限于"生产"领域，同时也扩展到"消费"领域，随着产品碳核算体系的完善，低碳文化将对产品市场和能源市场产生更加深远的影响。通过席卷欧洲的"慢城运动"，不难发现，基于文化创新的低碳理念融入居民生活和城市建设中，为欧盟的低碳发展扩充了更加丰富的内容。

（3）英国低碳发展政策和措施

英国于 2008 年通过了《气候变化法案》，以法律形式明确了中长期减排目标。随后，气候变化委员会为英国设定了具体的低碳发展路线图：2008—2030 年，年均温室气体排放量降低 3.2%；2030—2050 年，年均温室气体排放量降低 4.7%。英国确定低碳电力是低碳发展的核心；2008—2030 年，电力的排放强度从超过 500 g CO_2/(kW·h) 降低到 50 g CO_2/(kW·h)。

英国重视综合运用限制和激励两种手段促进温室气体减排。一方面，限制高污染、高排放和高能耗的企业发展；另一方面，英国政府也制定了税收优惠、减排援助基金等一系列激励措施，引导企业主动采取措施减少温室气体排放。税收优惠主要是指企业可以与政府签订减排协议，如果能够完成协议上的减排目标，政府可以给企业最高 80% 的税收减免。减排援助基金主要是在减排技术的推广、减排工程的建设方面向企业提供资金支持。"碳基金"主要面向中小企业，目前主要是通过向企业提供节能技术的咨询和帮助企业购买节能设备，从而实现既定的减排目标。在消费领域，英国政府通过财政补贴和税收优惠来提高居民的节能环保意识，以消费引导生产，取得了积极效果。

（4）法国低碳发展政策和措施

法国于 2000 年颁布了《控制温室效应国家计划》，明确了减排措施选取和制定原则：①确保先前制定的减排措施得到有效落实；②利用经济手段来调节和控制温室气体排放。该计划提出了三类不同的减排措施，并明确了措施的适用范围。第一类减排措施包括资助、法规、标准、标记、培训和信息宣传，适用领域是工业、交通、建筑、农林、废物处置和利用、能源、制冷剂等行业。第二类减排措施是指利用经济手段（以生态税为核心，增值税优惠、绿色证书制度等）来限制排放，适用领域是农林、能源及高能耗行业。第三类减排措施包括城市空间发展控制，发展城市公共交通和基础交通设施，增强建筑物节能效果和发展清洁能源。

（5）德国低碳发展政策和措施

1987 年，德国政府成立了首个应对气候变化的机构——大气层预防性保护委员会。德国积极发展清洁能源和可再生能源。德国于 2010 年 9 月和 2011 年 8 月分别提出"能源概念"和"加速能源转型决定"，形成了完整的"能源转型战略"和路线图。与 1990 年相比，2030 年温室气体排放量降低 55%，截至 2050 年温室气体的排放量至少降低 80%。

德国政府通过税收手段促进低碳发展，如对油气电征收的生态税，以 CO_2 排放量为基准征收机动车税等。德国政府认为低碳发展能为德国经济带来直接的好处，如增加就业岗位、环保技术出口以及环保相关服务业的增长等。德国在建筑节能方面走在欧洲各国前列。2002 年，德国发布了新的《建筑节能条例》，对建筑保温、供热、热水供应和通风等设备技术的设计和施工提出了具体要求。

2．美国

（1）碳排放趋势

相比 20 世纪 90 年代和 21 世纪前 5 年，美国的碳排放总量呈明显的稳中有降趋势。2007 年达到接近 55 亿 t CO_2 当量的峰值排放量后，出现显著下降，即使经济复苏之后排放增量也很有限。2016 年排放量降低到 48 亿 t CO_2 当量，是 1995 年以来的最低值，比 1990 年高 6%。由于人口持续增加，人均 CO_2 排放量的降低更为明显（图 2-3）。

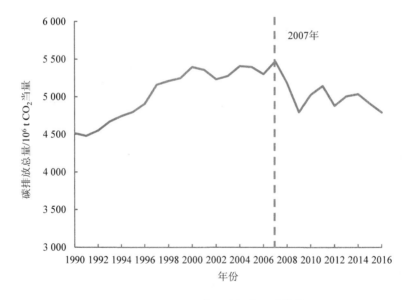

图 2-3　美国碳排放总量趋势

数据来源：https：//www.climatewatchdata.org/。

总体来看，美国温室气体排放与经济发展呈相对"脱钩"趋势。与 1990 年相比，2013 年美国 GDP 增长了 75%，能源消费增长了 15%（其中化石能源消费增长了 10%，电力消费增长了 35%），人口增长了 26%，而碳排放量只增长了 6%，已经呈明显的相对"脱钩"趋势。美国能源消费可以分为两个阶段，第一阶段，1990—2007 年，总体处于上升通道；第二阶段，2008 年后开始出现下降以及稳中有降的趋势。2008 年能源消费总量下降有显著的经济原因，2008 年以后能源消费稳中有降的重要原因是"页岩气"革命和其他变革引发的技术进步。

（2）低碳发展措施和经验

第一，颁布"应对气候变化国家行动计划"。该计划的目标是全面减少温室气体排放，并保护美国免受日益严重的气候变化影响。通过制定并切实落实清晰的国家战略，美国政府不但能够保护本国人民，而且能够提振国际社会应对气候变化的信心。这一目标是有可能实现的，但前提是多个经济部门必须联合开展行动。其中，减排的最大机遇存在于电厂、能源效率、氢氟碳化合物和甲烷四个领域，这些领域都已明确列入"应对气候变化国家行动计划"。虽然许多细节还有待完善，但总体而言，该计划将有利于美国迈向更加安全的未来。

第二，推出"清洁电力计划"。该计划要求 2030 年之前将发电厂的 CO_2 排放量在 2005 年排放水平上削减至少 30%，这是美国首次对现有和新建燃煤电厂的温室气体排放进行限制。该计划只提出电的减排目标和指导原则，不规定具体的实现路径和方法，允许各州整合资源，形成最佳成本效益组合方案。全面、详细和透明的成本效益分析是该计划的一大亮点。美国政府在网站上详细介绍了该计划对成本效益分析、指标设计方法的考虑以及对电力行业未来发展的预估。其计算方法不仅涵盖了减缓碳排放的效益，还考虑了改善空气质量对公众健康产生的协同效益。

第三，美国各州采取了地区行动。以加利福尼亚州（以下简称"加州"）为代表的地方行动为美国低碳发展注入活力。2006 年加州通过了 AB32 法案，要求 2020 年的温室气体排放量降低到 1990 年的水平。在 AB32 法案通过之后加州实施了一系列环保项目，包括"总量限制与交易"计划、低碳燃油标准、可再生电力强制措施和低排放汽车激励措施等。目前加州温室气体排放稳步下降，特别是由于高效节能汽车的普及，加州在 2005—2012 年与交通相关的排放降低了 12%。

除以上政策和行动以外，美国应对气候变化领域最主要的政策还包括：①清洁空气法案。美国环保局（EPA）于 2014 年 6 月提出指导现有电厂运行和电厂新建的规定。要求电力行业到 2030 年在 2005 年的基础上减排30%，可以通过改善公共卫生、减少碳污染而获得 550 亿～930 亿美元。②发动机和机动车标准。按照最新的机动车燃油经济性标准，美国市场上各车企到 2025 年各款新车的燃油经济性平均值应当达到 54.5 英里/加仑（1 英里= 1.609 km，1 加仑=4.546 L），油耗约为 4.3 L/10^2 km，比当前车辆水平几乎提高 1 倍。③能源效率标准。美国能源部预计这个能效标准可以贡献到 2030 年累计减碳 30 亿 t。这种能效标准可以帮助全国消费者每年节约数十亿美元的电费。

3．日本

（1）碳排放总量趋势（图 2-4）

从 1990 年起日本 CO_2 总排放量呈现缓慢上升趋势，2005 年第一次出现峰值，经历 2006—2009 年短暂下降后，2010 年开始继续呈上升趋势，2013 年第二次出现峰值，随后的 2014—2016 年，二氧化碳排放量有所下降。

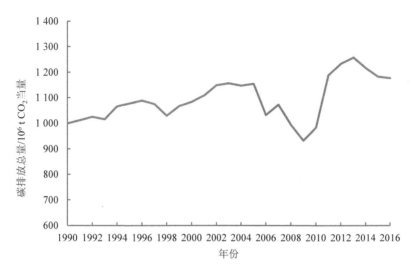

图 2-4　日本碳排放总量趋势

数据来源：https：//www.climatewatchdata.org/。

（2）低碳发展措施和经验

第一，法律规范低碳经济发展。2008 年 5 月，日本政府资助的研究小组发布了《面向低碳社会的十二大行动》。2009 年 4 月，日本又公布了名为《绿色经济与社会变革》的改革政策草案，规定了抑制温室气体排放的基本措施。一是实行温室气体核算、报告、公布制度，即一定数量以上的温室气体排出者负有核算温室气体排放量并向国家报告的义务，国家对所报告的数据集中计算并予以公布的制度。根据该法规定，伴随着生产活动而在相当程度上排出较多温室气体，并由政令规定的排出者（称为"特定排出者"），每年度必须由各事业所分别就温室气体的排放量向事业所管大臣进行报告。事业所管大臣将报告事项及计算的结果向环境大臣及经济产业大臣予以通知，国家对所报告的数据集中计算并公布。

第二，重视低碳技术的研制开发。日本每年投入巨资致力于发展低碳技术。根据日本内阁府 2008 年 9 月发布的数字，在科学技术相关预算中，仅单独立项的环境能源技术的开发费用就达近 100 亿日元，其中创新型太阳能发电技术的预算为 35 亿日元。日本有许多能源和环境技术走在世界前列，如综合利用太阳能和隔热材料、削减住宅耗能的环保住宅技术，以及利用发电时产生的废热为暖气和热水系统提供热能的热电联产系统技术、废水处理技术、塑料循环利用技术等。这些都是日本发展低碳经济的优势。

2019 年 4 月，日本政府提出 2070 年前后 CO_2 排放量降至零的新目标。日本高度重视 CCS 的研发和应用，计划把排放的 CO_2 进行回收再利用，从而实现实质性的零排放。

第三，把发展可再生能源作为降碳的重要举措。日本是世界上可再生能源发展最快的国家之一。2009 年 4 月，日本政府推出"日本版绿色新政"四大计划，其中对可再生能源的具体目标是：对可再生能源的利用规模要达到世界最高水平，即从 2005 年的 10.5% 提高到 2020 年的 20%。日本在可再生能源方面注重发展地热、风能、生物能、太阳能，以太阳能开发利用为核心，提出要强化太阳能的研制、开发与利用。为了实现这个目标，日本政府在积极推进技术开发以降低太阳能发电系统成本的同时，进一步落实包括补助金在内的政府鼓励政策，强化太阳能利用居世界前列的地位。

三、促进我国低碳发展的对策建议

欧盟各成员国出现峰值的时间横跨 20 年，主要原因是欧盟各成员国自然资源禀赋和经济社会发展水平呈现较大差异性。与欧盟相似，我国地域辽阔，自然资源和人力资源在空间上分布极不均匀，不同地区的经济发展水平和社会发展方式都呈现较大的差异性，由此导致不同地区的经济发展和城镇化水平、能源消耗和碳排放的区域差异性。因此，在国家整体碳排放达峰目标要求下，各省（区、市）应根据经济发展水平、能源结构和产业结构特征，因地制宜，制定碳排放达峰目标时间和任务。

1．加强顶层设计，不断完善法规政策标准体系

制定低碳发展整体战略，并与全面深化改革部署和经济社会发展战略之间建立紧密联系。加快应对气候变化立法，在 2030 年前将 CO_2 排放管控纳入法律，在国家层面制定总体的时间表、路线图。建立温室气体减排目标分配与责任体系，不断完善排放清单、统计制度和排放标准等。

制订《二氧化碳排放达峰行动计划》，尽快启动碳排放峰值管理进程，从排放量增速、峰值幅度和达到峰值后减排路径等方面，形成峰值管理框架，构建"倒逼"机制，切实争取尽早排放达峰。明确近期、中期、长期的战略路径选择，近期的战略重点是提高制造业能源效率，提升能源结构低碳化程度；中期的目标则是逐步实现交通和建筑领域的低碳转型，构建低碳产业主导的产业体系，建设低碳城市、低碳园区与社区；长期目标则是追求经济发展与碳排放脱钩，摆脱对化石能源的依赖，普及低碳生活方式和消费方式，建设低碳社会。

2．借鉴国际经验，健全我国碳市场机制

充分借鉴欧盟在碳排放交易市场运行过程中的管理经验，加快建设全国性碳排放交易市场，完善碳定价制度，加快建立起完善的总量设定与配额分配的方法体系，兼顾区域差异和行业差异。在配套管理方面，进一步完善碳交易注册登记制度、碳交易平台建设、碳交易标准制度等。重视碳

市场覆盖范围外的部门减排目标设定、减排目标责任制、能源效率政策等的协调。

3．促进可再生能源和低碳技术推广应用

构建完整的低碳技术体系，加强低碳技术研发、示范和推广应用。分行业梳理低碳技术，碳捕集、利用与封存技术（Carbon Capture，Utilization and Storage，CCUS）和二氧化碳再利用技术，在重工业领域，利用电气化、氢能、CCUS 及生物质能源来逐步实现钢铁、水泥等重工业领域的完全脱碳。在能源供应方面，深入研究推动天然气，包括大水电在内的可再生能源和核能的发展与应用，使之尽量满足新增能源需求，进而逐步取代煤炭。在能源消费方面，继续加强提高能源效率和节能技术的研究和应用。

4．推进低碳文化创新，引导低碳生活方式

将低碳文化作为我国低碳发展体系的重要组成部分，重视低碳文化创新，尝试将传统文化同低碳文化相互融合进行文化创新，提升民众对低碳发展理念的认识，引导民众形成低碳生活方式。通过"全国低碳日"等宣传活动，加强低碳消费价值观的培养和引导。开展企业二氧化碳减排"创先锋"活动，激励先进企业发挥示范引领作用，带动形成低碳发展的社会氛围。

第三章

欧盟二氧化碳减排经验与启示[①]

　　1990 年，欧盟的二氧化碳排放整体达到峰值，并自 1990 年正式开启了长达 30 年的经济增长与碳排放"脱钩"的发展路径。寻求更大的减排目标是欧盟长期以来的气候立场，欧盟委员会于 2018 年 11 月发布了一项长期愿景，目标是到 2050 年实现碳中和。欧盟减排经验与启示主要有：建立了完善的低碳发展法规政策体系和发展路线图、鼓励各成员国结合本国实际分别制定碳减排目标、不断健全碳排放权交易市场、努力提高能源效率、大力发展可再生能源、制定稳健的能源发展规划、建立统一的电力市场等。结合我国实际情况，本书就促进我国低碳发展提出通过立法建立预期稳定的中长期气候目标、减排目标的分配时应注意各区域间经济水平与区域发展定位的差异、推动全国碳排放权交易体系建设、提升能源效率的同时应注重部门间的特征差异、大力发展可再生能源等工作建议。

---

① 莫菲菲、王树堂、王克、崔永丽、赵敬敏、周七月、王京执笔。

一、欧盟二氧化碳减排历史进程与中长期目标

1. 欧盟二氧化碳减排历史进程

从欧盟二氧化碳历史排放量来看，欧盟28国（EU28）整体 CO_2 排放量为46.56亿t，已于1979年达峰。1980—2008年 CO_2 排放量有所波动，2008年金融危机以后 CO_2 排放量稳中有降。从GDP来看，欧盟经济基本呈平稳上升的趋势。由于EU13new（2004年后加入欧盟的成员国）的经济总量远低于EU15（2004年前加入欧盟的成员国），因此，欧盟整体 CO_2 排放量与经济增长主要由EU15贡献（图3-1）。

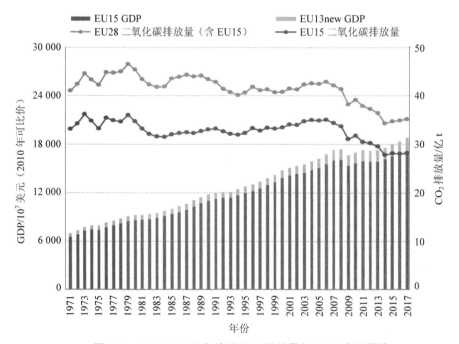

图 3-1　1971—2017 年欧盟 CO_2 排放量与 GDP 变化趋势

数据来源：IEA，2019；BP plc，https://www.bp.com/。

欧盟 2030 年中期气候目标、2050 年碳中和技术路线均以 1990 年 CO_2
排放量作为基线。此后，欧盟 30 年间的经济增长和 CO_2 排放量呈现出较
为显著的"脱钩"趋势，但 EU15 和 EU13new 的"脱钩"特征却相去甚远：
EU15 在欧盟经济总量和 CO_2 排放量中都占据多数，因此相比于 EU13new，
EU15 与欧盟整体的"脱钩"趋势最为接近，而 EU13new 的"脱钩"潜力
更大，可带动欧盟未来继续减排（图 3-2）。

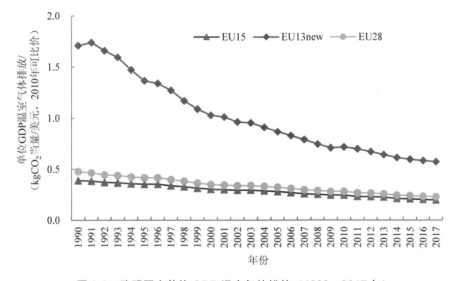

图 3-2　欧盟国家单位 GDP 温室气体排放（1990—2017 年）

数据来源：UNFCCC，2018；IEA，2019（不含 LULUCF 部门）。

2．欧盟二氧化碳中长期减排目标

寻求更大的减排目标是欧盟长期以来的气候立场。2014 年，欧盟率先
公布了 2030 年温室气体（相比 1990 年）减排 40% 的目标；2018 年欧盟曾
欲将该目标提升至 45% 但未能形成法案；2020 年 10 月 6 日，欧洲议会通
过了将 2030 年目标提高至 60% 的提议。

对于长期减排目标,欧盟委员会于 2018 年 11 月提出了 2050 年的气候中和愿景,并在 2019 年 12 月正式公布了《欧洲绿色新政》,2020 年 3 月 4 日正式提出《欧洲气候法》提案。同时,欧盟部分成员国也先后提出了其碳中和的目标。这一系列举措彰显了欧盟进一步深化低碳发展的决心,也赢得了较高的国际赞誉(表 3-1)。

表 3-1 欧盟部分成员国碳中和目标年及承诺性质

国家	碳中和目标年	承诺性质
奥地利	2040 年	政策宣誓
丹麦	2050 年	法律规定
芬兰	2035 年	执政党协议
法国	2050 年	法律规定
德国	2050 年	法律规定
匈牙利	2050 年	法律规定
爱尔兰	2050 年	执政党协议
葡萄牙	2050 年	政策宣誓
斯洛伐克	2050 年	提交联合国的长期战略
西班牙	2050 年	立法草案
瑞典	2045 年	法律规定

二、欧盟实现碳减排的驱动因素与措施

(一)主要驱动因素

借用卡亚公式[①]的分析框架,人口规模、人均 GDP、单位 GDP 能源强度(能耗)与单位能耗 CO_2 排放量共同构成了 CO_2 的排放因素。

---

① 碳排放量＝人口×人均 GDP×单位 GDP 能耗×单位能耗碳排放量。

2019 年，欧盟 CO_2 排放量相比 1970 年降低 726.53×10^6 t（表 3-2）。在影响 CO_2 排放量变化的四个主要因素中，人口规模、人均 GDP 对欧盟 CO_2 排放量是正贡献；能源强度与单位能耗的 CO_2 排放量是减排的主要因素。能源强度下降贡献的 CO_2 减排达到 $3\,412.15 \times 10^6$ t，单位能耗 CO_2 排放的下降带来 $1\,836.42 \times 10^6$ t 的碳减排。可见，经济结构调整和技术进步带来的能源结构优化和能源效率提高，是 CO_2 减排的最主要措施。

表 3-2　2019 年欧盟 CO_2 排放量相对 1970 年变化的因素分解

因素	Q（碳排放量）/ 10^6 t CO_2	P（人口数）/ 10^6 人	AY（人均 GDP）/（10^3 美元/人）	EI（能源强度）/（t/10^3 美元）	CI（单位能耗 CO_2 排放）（量纲一）
绝对影响/10^6 t	−726.53	625.451	3 896.58	−3 412.15	−1 836.42
相对影响/%	−17.91	86.09	536.33	−469.65	−252.77

（二）欧盟实现碳减排的主要措施

1．历史上欧盟实现碳减排的主要措施

（1）建立健全欧盟碳市场

欧盟积极实践和推动采用碳排放限额交易体系作为激励减排的工具。欧盟碳市场由免费配额、拍卖、新进入者配额、创新基金、现代化基金五部分组成，目前已经覆盖全境不到 50% 的排放，交易规则在不断完善。金融危机之后，欧盟碳市场遭遇一定困境，欧盟通过设立市场稳定库存、电力市场改革、建立碳价格通道等改革措施稳定了碳交易市场。

（2）明确碳市场外减排目标的分配

对于碳市场外的行业，大约有 60% 的目标减排量通过分解决议进行设

置，即成员国之间的磋商与利益分配机制。这些目标被分解到各成员国的年度计划里，涵盖了住房、农业、废弃物和交通（不包括航空和海运）。在 2013 年推行的"监督机制规定"（Monitoring Mechanism Regulation，MMR）中设置了温室气体减排的汇报原则，用以促使各个行动及时开展以达到 2020 年的"一揽子"计划目标。

（3）不断完善能源政策，提高能源利用效率

欧盟能源政策的重点之一就是提高能源利用效率、促进可再生能源和替代能源的开发和在欧盟及发展中国家的推广利用，实现能源多样化和清洁化。1995 年《欧盟能源政策白皮书》代表着欧洲共同能源政策的形成，此后欧盟陆续颁布了"欧洲理事会关于 1998—2002 年能源部门行动框架计划的决定""2003—2006 年欧洲智能能源计划""2007—2009 年欧盟能源行动计划"。得益于此，欧盟国家的能源强度比美国低 30%。

欧盟颁布了《可再生能源指令》（RED I 和 RED II），加强了欧盟生物能源可持续性标准，并将其扩展到基于生物质和沼气的热能和电力领域。固定上网电价政策（feed-in-tariff）也是被广泛采用的促进可再生电力发展的经济激励措施。

（4）鼓励低碳技术创新

2019 年，欧盟低碳能源研发支出（不含核能）为 15.8 亿欧元，能源研发在欧盟预算中的份额为 11%。低碳能源专利数量（2016 年）为 592 万项，其中，可再生能源相关占 19.9%、高效系统相关占 23.6%、智能系统相关占 21.8%、可持续交通相关占 17.8%、核安全相关占 1.1%、其余为 CCUS 相关，占 15.8%。

2．《欧洲绿色新政》提出未来 5 年行动计划

《欧洲绿色新政》进一步规划了未来 5 年（2020—2024 年）详细的行动计划。具体来看，当前《欧洲绿色新政》的 5 年行动计划主要是为其 2030 年中期气候目标的实现提供行动方案：在能源、农业、交通等部门均制定了详细举措，其大致行动规划涵盖：①提供清洁、经济和安全的能源；②推动工业向清洁循环经济转型；③高能效和高资源效率建造和翻新建筑；④零污染目标，以实现无毒环境；⑤保护和恢复生态系统与生物多样性；⑥从农场到餐桌：实现公平、健康、环保的食物系统；⑦加快可持续智能机动车的转型。

3．长期气候目标下欧盟规划的行动措施

根据欧盟 2019 年制定的 2050 年气候长期目标文件《人人享有清洁地球》，其设计的 8 种低碳路径均涉及几大核心问题：一是提高能源利用效率，最大化实现低能耗高效益。能源利用效率的提高与能源结构的低碳化是欧盟气候政策的核心，当前已提出 2050 年一次能源需求相比 2005 年下降 32%～50%的愿景。另外，这一政策将零排放建筑的推广纳入其中。二是实现对可再生能源与电力最大限度地部署与使用。这一政策旨在从供给侧促进能源的电气化水平，如已计划将可再生发电技术的电力供应提高到 80%以上。三是拥抱清洁、安全与互联的交通。欧盟电动汽车在 2050 年占比超过 90%的计划显示了欧盟对于交通系统对可再生能源驱动的高发展要求。四是欧盟的各产业应具有循环经济的竞争优势。为实现这一目标，行业层面的能源需求较 2015 年要下降 22%～31%。五是大力发展智能互联的基础设施网络。这一计划与中国新基建中人工智能、工业互联网的发展目标不谋而合，需要成员国间、行业间的通力配合。六是创造持续性的碳汇

收益。重点关注生物质能的发展，同时提高农业、林业的碳汇能力。七是通过 CCUS 技术处理剩余的 CO_2 排放。欧盟委员会高度重视 CCUS 技术在锁定化石能源基础设施碳排放中的巨大潜力，该技术预计能封存 5 000 万～9 000 万 t 的基础设施碳泄漏。

三、欧盟碳减排的经验与启示

1．建立了完善的低碳发展法规政策体系和发展路线图

欧盟要求成员国根据欧盟整体的减排目标确定自身低碳发展的可行方案，自上而下地推动欧盟整体减排目标的实现。

这个过程主要依靠：一是统一的路径共识。在涉及气候变化领域的重大事项时，一般是由欧盟委员会先以绿皮书的形式提出一项政策咨询文件，尽最大努力形成统一共识。二是完备的立法程序。气候变化相关法律遵循"共同决定"的程序，即由欧洲议会和欧盟（环境部长）理事会共享立法权，两个机构都批准后才能成为正式法规。三是系统的法律政策。2007 年 7 月，欧盟委员会发布了"气候与能源'一揽子'计划"草案，首次完整地提出了欧盟 2020 年的低碳发展目标和相关政策措施，此后陆续颁布了《2030年气候与能源政策框架》《2050 年迈向具有竞争力的低碳经济路线图》等法案。2019 年 12 月，欧盟委员会发布了《欧洲绿色新政》，规划了未来5 年在能源和能效、循环经济、农业、交通等八大领域的低碳转型政策和措施。此外，欧盟委员会出台的首部《欧洲气候法》将到 2050 年实现气候中和的目标写入法律。

2．鼓励欧盟各成员国根据各国实际情况制定二氧化碳减排目标

欧盟各成员国出现峰值的时间横跨 20 余年,主要原因是欧盟各成员国自然资源禀赋和经济社会发展水平呈现较大差异性。例如, 德国早在 1979 年就实现了二氧化碳排放达峰,意大利实现二氧化碳排放达峰时间是 2005 年, 明显晚于欧盟整体达峰时间。欧盟各成员国制定的碳中和目标时间：奥地利碳中和目标时间是 2040 年,瑞典碳中和目标时间是 2045 年,法国和德国等碳中和目标时间是 2050 年。

3．不断健全欧盟碳排放权交易市场

作为全球最先进的碳交易体系,欧盟碳排放权交易市场已进入第三阶段, 碳排放交易体系中不同类别的碳价已成为最具参考价值的碳交易市场价格。通过不断完善的规则来稳定碳市场交易,欧盟将交易收益投入低碳技术研发和低碳技术创新中。同时, 碳排放交易体系为私营经济体提供了广阔的平台, 使得私营经济体参与欧盟的低碳转型,将它们同欧盟的气候政策密切连接起来, 以此形成低碳发展的市场推力, 自下而上地推动欧盟减排目标的实现。《欧盟绿色新政》考虑继续扩大欧盟碳市场覆盖的行业范围, 尝试将建筑物排放、海运业排放纳入交易市场。同时, 欧盟正计划与全球伙伴一起开发全球碳市场。

4．努力提高能源效率

能源效率提高是实现碳减排目标的重要贡献因素,未来欧盟的能源政策同样以"能源效率优先"为原则。当前, 欧盟正在交通、工业和建筑领域深挖能源效率潜力,并在各个部门层面实施这一原则。欧盟出台的《能源效率行动计划》分析了各行业提高能源效率的潜力,提出了 75 项具体措施, 覆盖了建筑、运输、制造、金融和教育等行业。提高能效的措施包括

提高能源标准、强化市场手段，以及提高数字化和电气化程度。例如，通过能效标识制度，指导消费者选择购买高能效产品。根据欧盟能源与交通总司的数据，欧盟能源利用效率水平在不断提高。

5. 大力发展可再生能源，制定稳健的能源发展规划，建立统一的电力市场

可再生能源的使用和燃料转换是欧盟电力部门减少温室气体排放的重要推动因素。欧盟 28 国在 2013 年可再生能源占能源结构比例已经从 8% 提高至 15%，2018 年可再生能源在欧盟能源消费量中占 18%，同年欧盟温室气体排放总量相比 2005 年下降 17%，相比 1990 年下降 23%。预计到 2030 年欧盟内部的可再生能源占全部能源消费比重将提高到 30%。欧盟在可再生能源领域的大量投资得益于制定可再生能源法规、制定积极的减排目标，以及制定相关的国家政策和激励措施。

欧盟建立了统一的电力市场，在有效消除"能源孤岛"的同时也扩大了市场容量，促进了可再生能源的大范围消纳。统一电力市场的建设更好地发挥了欧盟互联大电网错峰避峰、水火互济、跨流域补偿、减少备用等综合效益，促进了北欧水电和风电、南欧光伏发电等清洁能源的高效利用。

四、促进我国低碳发展的对策建议

为实现国家主席习近平在第 75 届联合国大会上提出的"二氧化碳排放力争于 2030 年前达到峰值，努力争取 2060 年前实现碳中和"的气候承诺，进一步提高能源效率、优化能源结构是我国当前迫切需要的气候与能源行动，建议加强以下五个方面的工作。

1．通过立法建立预期稳定的中长期气候目标

《中华人民共和国应对气候变化法》（以下简称《应对气候变化法》）的拟定有利于加强我国低碳发展路径的权威，体现国家意志。因此，我国应加快气候变化方面的立法进程。国家发展改革委曾在 2014 年就研究制定《应对气候变化法》草案并召开研讨会，这说明我国已具备气候立法研究的实践基础。尽早完成《应对气候变化法》的立法工作，对外有利于彰显我国应对气候变化的积极态度，对内也有助于将气候行动正式作为经济发展的内生驱动因素。

2．减排目标的分配应注意各区域间经济水平与区域发展定位的差异

我国地域辽阔，自然资源和人力资源在空间上分布极不均匀，不同地区的经济发展水平和社会发展方式都呈现出较大的差异性，由此导致不同地区的经济发展、城镇化水平、能源消耗和碳排放的区域差异性。因此，在国家整体碳排放达峰目标要求下，各省（区、市）应根据经济发展水平、能源结构和产业结构特征以及减排潜力，因地制宜地制定碳排放达峰目标时间和任务。支持有条件的地区开展近零碳乃至零碳示范区建设。同时要强化监督考核评估，强化相应的措施。

3．推动全国碳排放权交易体系的建设

充分借鉴欧盟在碳排放交易市场运行过程中的管理经验，加快建设全国性碳排放交易市场,通过市场规则的完善,保障碳市场价格信号的稳定。完善碳定价制度，加快建立起完善的总量设定与配额分配的方法体系。在配套管理方面，进一步完善碳交易注册登记制度、碳交易平台建设、碳交易标准制度等。全国碳市场应适时扩大覆盖行业范围，并探索与国际碳市场联通，以增强市场流动性和市场效率。

4．提升能源利用效率的同时注重部门间的特征差异

制定以能源利用效率提升为首要原则的能效政策。工业、建筑、交通和火电部门的能效技术将对碳排放控制发挥重要作用。通过减少价格壁垒等方式激励能源部门的技术创新，从而提升电力供给的电气化与智能化。与此同时，应注意政策目标部门间的特征差异。例如，碳市场内电力部门能效政策的制定过程应考虑与碳价机制如何形成协调效应，以保障能效技术的投入能够产生市场回报；在碳市场外，可通过对部分部门进行碳税试点等方式提升能源利用效率及工业过程的碳减排率。

5．大力发展可再生能源，建立与低碳技术相适应的电力市场机制

提升能源结构低碳化程度，继续大力推广水电、风电、光伏发电、生物质能发电。加大第四代核电、海洋地热能发电、大规模海上风力发电、第二代生物质能、智能电网、高效太阳能建筑等技术的研发和推广应用。进一步提供技术创新的税费减免等政策支持。另外，应建设与低碳技术相适应的电力市场机制，如建设更具弹性的电力网络，推进电力系统智能化发展，增强对可再生能源的消化能力，加速分布式可再生能源发展。

第四章

美国碳排放达峰的经验及启示[①]

美国于 2007 年碳排放达到峰值,通过在低碳发展立法、能源结构调整、新能源和低碳技术研发等方面的积极探索,美国碳排放与经济发展呈相对"脱钩"趋势。结合我国实际情况,本书就促进我国低碳发展提出以下对策建议:一是加强顶层设计,不断完善法规政策标准体系;二是优化能源结构,提高清洁能源比重;三是优化产业结构,降低重点行业能源消耗;四是构建完整的低碳技术体系,促进低碳技术研发和示范应用;五是鼓励地方因地制宜,探索低碳发展路径。

一、美国碳排放及碳达峰的基本情况

美国环保局(EPA)逐年发布的《温室气体排放和碳汇清单》显示,美国历史上 CO_2 排放量峰值出现在 2007 年,当年美国 CO_2 排放量达 55 亿 t,之后显著下降。客观地说,全球经济危机对 CO_2 排放量的下降起到了一定

---

① 赵敬敏、王树堂、陈其针、仲平、张贤、莫菲菲、林臻执笔。

的助推作用，但 2008 年经济危机之后美国经济复苏并未伴随 CO_2 排放增
量的同步提高，说明全球经济危机导致的一定程度的被动 CO_2 减排并非推
动其碳达峰的主要因素。美国碳达峰的实现与其自身的碳减排政策和措施
直接关联。从总体来看，美国温室气体排放与经济发展呈相对"脱钩"趋
势。1990—2013 年，美国 GDP 增长 75%，人口增长 26%，能源消费增长
15%，而碳排放量只增长了 6%。而能源消费增长的 15%，又可分为两个阶
段：1990—2007 年，总体处于上升通道；2008 年后开始出现稳中有降的趋
势（图 4-1）。

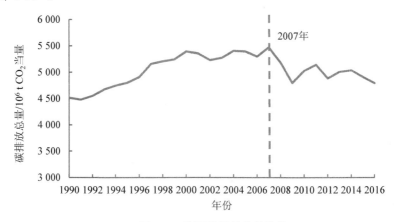

图 4-1　美国碳排放总量趋势

数据来源：https：//www.climatewatchdata.org/。

二、美国的碳减排政策和措施

1．能源政策体系不断完善

20 世纪 70 年代两次石油危机重创了美国经济，同时也促进了美国能源
政策和法律的制定。从那时起，美国多次出台能源与减排相关法案，逐渐形

成了完整的碳减排政策体系，这对其碳达峰起到了至关重要的引领作用。

1975 年，美国颁布了《1975 年能源政策与节约法案》，目的是通过价格手段激励国内石油产量的增长、建立石油战略储备和提高汽车燃油效率。1991 年，发布了《国家能源战略》，旨在降低对潜在的不稳定能源供应国（地区）的依赖，确保不断增长的能源需求，保持美国经济领先地位。1992 年，通过了《1992 年能源政策法案》，目的是重建美国能源市场，具体内容包括鼓励国内石油生产，增加国内石油产量；强制采用替代燃料，减少交通部门的石油消费；提高能源利用效率，减少取暖和制冷部门的石油消费。2005 年，通过了《2005 年能源政策法案》，确立能源独立、国家安全、消费者权益和相关税收的新方向，基本出发点是确保美国的能源供给、保护环境、经济繁荣与国家安全。该法案标志着美国正式确立了面向 21 世纪的长期能源政策，但节能并非其主基调。2007 年，美国通过了《2007 年能源政策法案》，该法案重视节能和提高能源效率，重点聚焦大力发展清洁安全的可再生和可代替能源。

在奥巴马政府期间，颁布了"应对气候变化国家行动计划"，明确减排的最大机遇存在于电厂、能源效率、氢氟碳化合物和甲烷四个领域。奥巴马政府制定了一系列新能源政策，其中最具代表性的是 2009 年通过的《美国清洁能源与安全法案》。该法案对提高能源利用效率进行规划，确定了温室气体减排途径，建立了碳交易市场机制，提出了发展可再生能源、清洁电动汽车和智能电网的方案等，成为一段时期内美国碳减排的核心政策。2014 年，美国发布了《全面战略能源》，重点倡导以对环境负责的方式生产石油和天然气。同年，推出"清洁电力计划"，确立了 2030 年之前将发电厂的 CO_2 排放量在 2005 年水平基础上削减至少 30%的目标，这是美国首次对现有和新建燃煤电厂的碳排放进行限制。

值得注意的是,美国并没有制定具体的碳达峰路线图,但碳达峰之后,在其向《联合国气候变化框架公约》提交的国家排放清单中设定了具体的减排目标,《中美气候领导宣言》也明确了美国 18 个州市未来具体减排路线图。

2．能源系统变革有力

从能源消费总量来看,美国能源消费总量自 2007 年达到峰值 101×10^{15} Btu（英热单位,1 Btu=1.055 06×10^3 J）后,逐年下降到 2012 年的 95×10^{15} Btu。虽然美国国内能源的生产总量在2007—2012年不断上升,但由于其出口量增加、进口量减少,使得消费总量在此时期下降了 6.13%。

从能源结构来看,美国国内能源消费比重排序依次是石油、天然气、煤炭、核能以及其他可再生能源（图 4-2）。2005—2017 年,煤炭和石油消耗比例持续下降,天然气消耗比例持续上升,水力和核能等可再生能源消耗比例持续上升,能源结构不断优化。

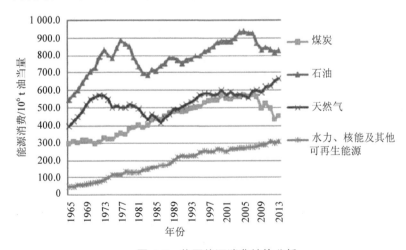

图 4-2　美国能源消费结构分析

（1）化石能源

加强对近海岸的油气开采是美国增加国内油气产量的主要途径。奥巴马政府开放了美国东部和东南部沿海、墨西哥湾以及阿拉斯加北部的石油开采，有效增加了国内石油产量，减少了对外石油依存度。2011年，美国进口原油892.1万桶/d，是自2000年以来的最低值。受到美国液化天然气低价优势的强力竞争，美国电力部门消耗的煤炭量减少，随着海外的需求不断增加，煤炭产量仍保持了小幅增长。

（2）天然气能源

2005—2013年，美国近一半CO_2减排量来自天然气发电以及光伏发电等对燃煤发电的替代。美国天然气开采的技术突破——水力压裂技术，促使美国的页岩油气开发呈井喷式快速发展态势，带动了天然气管道建设、天然气产量迅速增加，天然气的价格保持历史低位，下游企业成本降低，国内使用天然气发电规模也随之扩大。自2009年年初，电力部门已经成为美国天然气的最大消费部门。未来随着天然气产量继续提升、低价水平继续保持和电力行业碳排放标准的实施，天然气将继续发挥美国清洁能源转型的中心作用。

（3）可再生能源

美国联邦政府出台包括生产税抵免在内的一系列财税支持政策，各州政府则实施了以配额制为主的可再生能源支持政策，充分利用市场机制和竞争，促进可再生能源发展和技术进步。①核电。坚持小型堆和大型堆并重。美国是世界上核电发展最早和装机容量最多的国家，目前拥有105座核电站，装机容量97 GW，占美国总发电装机容量的8.3%，占总发电量的20%。②太阳能。2012年，美国太阳能供电能力已达到100万户家庭，太阳能行业得到各州政府的补贴政策支持，特别是一些在屋顶安装太阳能电池板的房主和小企业获得了财政支持。加利福尼亚州实施"百万太阳能屋顶计划"，太阳能发电占全国太阳能发电总增长的 43%。③风电。2008—2017 年，美国风力发电量从 5 万 GW·h 增加至 25 万 GW·h，占整个发电量的份额从 2008 年的 1.5%增加至 2017 年的 6.9%，风电供电的家庭数量从300 万户增加至 2 400 万户。④其他清洁能源。以甘蔗、玉米等为原料的乙醇是一种较佳的可再生能源，也是美国政府可再生能源项目所关注的重点。美国政府为了支持乙醇开发计划，每年都要提供巨额的财政补贴。

3. 产业结构不断优化且重点行业能耗降低

从产业结构演变来看，1920—1945 年，美国处于工业化快速发展时期，其能源消费与碳排放处于快速上升阶段。"二战"以后，美国国民经济重心转移至非物质生产部门，农业地位逐步下降，第一产业占 GDP 的比重由1945 年的 8%下降至 2013 年 1%；第二产业发展速度略有减缓，占 GDP 比重在 1950—1955 年处于最高值点，此后随着半导体、电子计算机等技术密集型产业发展，高能耗的传统产业逐步转移至日本和西德等国，第二产业占 GDP 比重到 2013 年下降至 20%；第三产业在国民经济中的地位上升显著，1960 年开始，产业结构的重心从制造业转向服务业，第三产业占 GDP比重由 1945 年的 60%上升至 2013 年的 79%。值得一提的是，美国第三产业内部结构高级化、经营方式集约化、服务项目多样化提高了其产业竞争力，推动了美国服务经济时代的高度发展。能耗较低的第三产业快速发展，并将劳动密集型制造业转移至发展中国家，显著降低了美国能源消费与碳排放（图 4-3）。

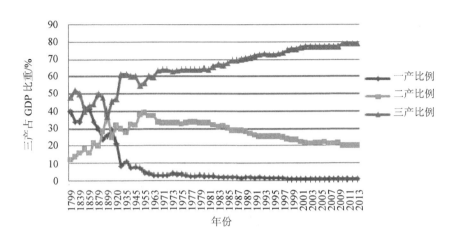

图 4-3　美国产业结构分析

①制造业。根据 2010 年制造业能源消费调查的初步估计，全美制造业的能源总耗由 2006 年的 21×10^{15} Btu 下降到 2010 年的 19×10^{15} Btu，几乎下降了 10%，反映了同期工业生产的速度放缓。②钢铁工业。1998—2006年总能耗下降了 34%，与能源强度、生产价格及生产指数的下跌趋势相一致。③冶金工业。未来 20～30 年，冶金工业的能源消耗以及总的经济产出将会持续下降。④交通行业。大力推动交通电气化，2008—2017 年美国电动汽车销售量为 39.5 万台，仅在 2017 年就销售了 10.4 万台。⑤建筑行业。美国是节能服务（ESCO）产业最发达的国家，联邦政府和各州政府十分支持 ESCO 发展，推进 500 多万座建筑物的节能改造，并提供经济支持政策，鼓励向节能公司提供低息贷款和风险投资。

4．低碳技术研发与应用

（1）低碳电力技术

美国于 1972 年开始研究整体煤气化联合循环（IGCC）技术，经过多年发展，其发电效率可以提高到 70% 以上，并降低了 IGCC 技术成本，同时配合燃烧前捕集技术，基本实现清洁煤发电。此外，美国开始推广建设一种新型的联合循环天然气发电厂，并已在部分小型发电厂成功应用。

（2）新能源技术

①光伏技术。美国一直位于世界光伏技术进步和商业化的前列，特别是 20 世纪 90 年代中后期以来，随着国家光伏发展计划、百万太阳能屋顶计划的实施以及国际市场需求的迅速增长，美国光伏产业获得了快速发展的机会。②核能。美国已经重点开发第四代核裂变反应堆，重返国际热核聚变堆的合作研究，重视核聚变能的开发。③风电。具有最佳风能利用条件的海上风力发电机组投运产能在 8～10 MW，美国政府考虑进一步增加其单机容量的可能性，着手设计功率为 50 MW 的风力发电机，采用棕榈叶的原理，在强风中弯曲并随风摇摆，以此来抵抗飓风。④太阳能。2008—2016 年，美国屋顶太阳能电池板的效率提高了 25%。未来将大力推动利用纳米颗粒来提高太阳能电池板的能源效率，通过减少损耗和扩大太阳能通量的光谱来提升装置的技术性能。⑤其他可再生能源。美国力图通过开发氢能经济体系降低对国外石油的依赖；关注天然气水合物的研究，力图早日使天然气水合物成为可用的能源资源；尽量削弱乙醇的生产规模，转而大力投资下一代的高级生物燃料。

（3）CCUS 技术

CCUS 技术是美国气候变化技术项目战略计划框架下的优先领域。美国能源部长期资助 CCUS 新技术研发和应用示范。2016 年，先后资助 3 000 万美元、8 000 万美元用于开发先进涡轮机部件和超临界二氧化碳动力循环相关创新技术，并启动建设美国首个大型超临界（10 MW）二氧化碳中试装置；2017年，资助800万美元用于评估墨西哥湾的二氧化碳地质封存和技术开发；2018年，分别资助640万美元和700万美元开展二氧化碳燃烧前捕集项目和地质封存项目；2019年，资助5 400万美元用于推进溶剂、吸附剂和膜技术等碳捕集技术的研究以及碳捕集系统前端工程设计。截至2019年年底，全球有51个二氧化碳年捕获能力在40万t以上的大规模CCUS项目，其中有10个在美国。近期的研发重点包括最优化碳隔离和管理技术、提高石油开采的碳捕集技术及地质储存技术。长期的研发选择包括未来其他类型的地质储藏和陆面隔离技术的发展、海洋在碳储藏中的地位及应用海洋进行碳隔离技术等。

为了促进CCUS技术发展，美国国会于2008年通过45Q税收法案，用于补贴利用CCUS技术开展二氧化碳捕集的企业。该法案规定：将捕集的二氧化碳用于驱油，捕集企业可获得10美元/t免税补贴；将捕集的二氧化碳进行地质封存，捕集企业可获得20美元/t免税补贴。同时，设定"先到先得"原则，限定补贴总量为7 500万t二氧化碳。据统计，45Q税收法案实施期间（2008—2017年），美国通过该免税补贴驱油和封存二氧化碳共计5 280万t。

5．各州采取低碳发展地区行动

美国由于政制的原因，各州分散度较高，难以形成国内统一政策。但这在削弱政策力度和联邦政府作用、导致地区间低碳发展参差不齐的同时，也给各州结合自身实际采取不同的碳减排措施提供了空间。以加州为代表的地方行动为美国低碳发展注入了活力。2006年加州通过了AB32法案，要求2020年的温室气体排放量降低到1990年的水平。之后，加州实施了一系列环保项目，包括"总量限制与交易"计划、低碳燃油标准、可再生电力强制措施和低排放汽车激励措施等。目前加州温室气体稳步下降，特别是由于高效节能汽车的普及，使得加州在 2005—2012 年与交通相关的排放降低了 12%。在 2015 年签署的《中美气候领导宣言》中，美国 18 个州市明确了各自未来具体减排路线图。

三、美国碳减排的经验及启示

综上所述，美国在完善能源政策体系、调整能源结构、优化产业结构、加强低碳技术研发、地方开展低碳实践等方面积累了丰富的经验。

1. 健全碳减排政策体系引领碳减排

自 20 世纪 70 年代以来，美国多次出台能源与减排相关法案，形成完整的碳减排政策体系。尤其是奥巴马政府期间，美国高度重视低碳发展，颁布了"应对气候变化国家行动计划"，明确了减排的优先领域，通过了《美国清洁能源与安全法案》《全面战略能源》，并推出"清洁电力计划"，实施碳排放交易法案。这一系列应对气候变化顶层设计，引领了碳达峰后的快速去峰过程。

2. 加快能源系统变革推动碳减排

美国能够充分利用市场机制和竞争，促进核电、太阳能、风能、生物质能和地热能等可再生能源发展和技术进步。在美国清洁能源转型过程中，天然气的大规模使用发挥了中心作用，风力发电、光伏发电等间歇性能源的普及和发展起到重要的推动作用。

3．推动产业结构优化及重点行业能耗降低促进碳减排

美国多以财政政策、税收政策和信贷政策为主，依靠健全的市场机制有效促进衰退产业中的物质资本向新兴产业转移，最后达到改善产业结构的目的。对于衰退产业的产业调整政策以技术促进和劳动调整为主，新兴产业的政策重心应在促进高技术研发、营造充满活力和动态的产业发展基础上。美国钢铁工业、冶金工业、铝工业等重点行业的能源消耗呈下降趋势。能耗较低的第三产业得以快速发展，并将劳动力密集型制造业转移至发展中国家，显著降低能源消耗与碳排放。产业结构调整优化，促使美国温室气体排放与经济发展呈相对"脱钩"趋势。

4．推动低碳技术创新支撑碳减排

通过 IGCC 技术配合碳捕集技术，基本实现清洁煤发电；通过与 ESCO 公司开展合作，推进 500 多万座建筑物的节能改造；通过汽车节能型产品的再造与替代开发计划，提高汽车的油耗效率；加速研发光伏、氢能、核能、天然气水合物等新能源技术；通过发布 45Q 税收法案，并长期资助 CCUS 新技术研发和应用示范，积极探寻降低碳捕集成本的解决方案。此外，美国低碳城市建设采取的行动包括节能项目、街道植树项目、高效道路照明、填埋气回收利用、新能源汽车以及固体废物回收利用等，也对碳减排起到了良好的促进作用。

5．各州探索符合自身实际的减排路线图

美国各州的政策自主权和自由度较高，碳减排主要依靠内生动力。加州在碳减排领域取得的突破，带动其他州学习借鉴，也纷纷采取措施，逐步形成碳减排合力。

四、促进我国低碳发展的对策建议

1．加强顶层设计，不断完善法规政策标准体系

识别温室气体减排关键领域，制定低碳发展整体战略，并与全面深化改革部署和经济社会发展战略之间建立紧密联系。加快应对气候变化立法，在 2030 年前将二氧化碳排放管控纳入法律，在国家层面制定总体的碳达峰及碳中和路线图。建立温室气体减控排目标分配与责任体系，不断完善排放清单、健全统计制度和制定排放标准等。

2．优化能源结构，提高清洁能源比重

大力开展能源革命，积极进行能源行业供给侧结构性改革，努力构建清洁、低碳、安全、高效的能源体系。继续努力控制和减少煤炭消费，合理发展天然气，安全发展核电，大力发展可再生能源，积极生产和利用氢能，提高各经济部门的电气化水平，加强能源系统与信息技术的结合，实现能源体系智能化、数字化转型。此外，进一步建立和完善相应的财税、金融、产业、项目管理等政策，完善能源市场，积极建设绿色"一带一路"，引导海内外项目和投资进入绿色低碳领域。

3．优化产业结构，降低重点行业能源消耗

进一步优化产业结构，深入推进战略性新兴产业，不断提高各产业的能源利用效率，降低重点行业能源消耗。拓展清洁用能，激励节约用能，限制过度用能，淘汰落后用能。工业领域加快实施天然气代煤、电代煤，交通和建筑领域逐步实现低碳转型。推动制造业和服务业融合发展，推动现代服务业和传统服务业相互促进，加快服务业创新发展和新动能培育。

摆脱各产业对化石能源的依赖，普及低碳生活方式和消费方式，推动经济发展与碳排放"脱钩"。

4．构建完整的低碳技术体系，促进低碳技术研发和示范应用

构建完整的低碳技术体系，加强低碳技术研发、示范和推广应用。分行业梳理低碳技术，重点在电力行业及工业领域，充分利用电气化、氢能、生物质能源等配合 CCUS 技术逐步实现电力行业以及钢铁、水泥等工业领域的脱碳。在能源供应方面，深入研究推动天然气以及多种可再生能源的发展与应用，满足新增能源需求。对于基本成熟的技术，如超临界技术，要发挥主力作用，推进其商业化成熟应用；对于目前正在做示范、成熟度尚未达到商业运用程度的技术，如电动车、混合动力汽车、大容量风机等，进一步推广示范，争取尽早趋于成熟而商业化。对于诸如光伏电池、第四代核电站等技术，短时间要攻关突破、研发成熟，尽早开展大规模示范应用。

5．鼓励地方因地制宜，探索低碳发展路径

地方政府在节能机构的建设、节能压力传递机制的建立、资源配置低碳导向的形成、低碳发展中的地方政府创新等方面发挥着主导作用。鼓励地方立足自身实际，以低碳经济发展原则为指导，以低碳先进城市经验为借鉴，以促进经济社会良性发展为目标，将应对气候变化工作全面纳入本地区社会经济发展规划,积极探索低碳绿色发展模式,大力推进低碳省（市、区）试点建设工作，破除以经济绩效为考核标准的政治激励体制，走具有当地特色的可持续发展之路。

第五章

日本二氧化碳管控的经验与启示[①]

    日本是世界第五大二氧化碳排放国，2013年达到峰值。2020年10月26日，日本明确提出到2050年实现碳中和目标。日本二氧化碳减排的主要措施和经验包括：一是加强立法，制定中长期减排目标和减排路径；二是转变能源结构，加速新能源开发与应用；三是强化各领域节能标准，加强节能监管；四是发挥行业协会团体优势，促进企业自主减排；五是促进绿色金融。借鉴日本温室气体减排经验，本书就促进我国低碳发展提出以下对策建议：一是不断完善法规政策标准体系；二是优化能源结构，提高清洁能源比重；三是完善制度机制，推进各领域节能降耗；四是发挥行业协会作用，鼓励引领企业自主减排；五是推进气候投融资试点，引导社会资金进入应对气候变化领域。

[①] 周七月、崔永丽、常杪、杨亮、王树堂、赵敬敏、奚旺执笔。

一、日本二氧化碳排放现状

20 世纪 90 年代到 21 世纪初期,日本二氧化碳排放量没有较大的波动,2009 年前后受到金融危机的影响而出现了阶段性低值。2010 年以后随着日本经济的复苏,碳排放量再度回升,尤其是 2011 年的东日本大地震及福岛核事故后,核电利用规模的快速下降等因素使日本的二氧化碳排放量出现较大反弹,在 2013 年达到新的峰值。

2013 年之后,随着日本新一轮减排工作的全面开展,截至 2018 年,其温室气体及二氧化碳排放量实现 5 年连续削减,2018 年二氧化碳排放量较 2013 年削减了 13.6%,成为 1990 年以来的最低点(图 5-1)。

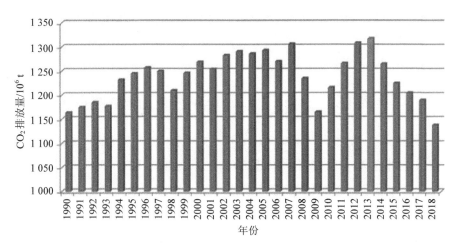

图 5-1　日本二氧化碳排放量的变化(1990—2018 年)

数据来源:日本环境省历年《温室气体排放量》统计报告。

值得关注的是，2013 年以来，受 3·11 震灾影响的日本经济呈现较平稳的增长，2014—2018 年日本实际 GDP 的年增长率为 0.5%～1%，其单位 GDP 的温室气体排放量呈逐年下降趋势（图 5-2）。

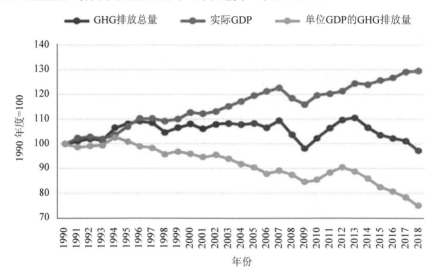

图 5-2 日本经济增长与温室气体排放量之间的关系

数据来源：日本全球气候变暖对策推进本部《日本的 NDC（国家自主贡献）》。

二、今后的中长期目标——2050 年实现碳中和

目前日本的减排实施阶段大致分为三大主要阶段：

1. 《京都议定书》的阶段

日本政府将目标值设定为"2008—2012 年的年平均排放量少于 1990 年的 6%"。从结果来看，2008—2012 年的平均排放量实际高于 1990 年的 1.7%，但通过森林吸收量及国际碳交易换来的信用额度抵消后，日本宣布这一阶段削减了 8.4%，达成《京都议定书》目标。

2."坎昆会议"阶段

由于各国在坎昆会议上并未达成一致，日本国内自主制定了 2020 年、2030 年的减排目标。

3.《巴黎协定》阶段

《巴黎协定》从 2020 年正式开始生效，日本政府在此前已开始探讨面向 2050 年的长期目标及减排实际计划。

（1）2020 年目标：较 2005 年削减 3.8%

2013 年为配合华沙气候大会的召开，日本政府正式提出了以 2005 年为基准年，2020 年温室气体排放量削减 3.8%的排放目标。

日本环境省 2020 年 4 月发布的统计公报显示，2018 年日本的温室气体排放总量为 12.44 亿 t 二氧化碳当量，相比较下降了 3.9%。从数值变化看，2018 年日本已超额完成了 2020 年的削减目标。

（2）2030 年目标：较 2013 年削减 26%

结合 2015 年《巴黎协定》的生效，2016 年日本政府制定了中长期减排工作的方针性文件《全球变暖对策计划》，并明确了"2030 年温室气体排放量较基准年 2013 年削减 26%（较 2005 年削减 25.4%）"的中期目标。其中在二氧化碳排放方面，提出了在包括生产产业、运输、能源转化、家庭等占二氧化碳排放超过总量 90%的能源活动领域排放量较 2013 年削减 25%的目标。

（3）长期目标：2050 年实现碳中和

日本国会于 2016 年发布的《全球变暖对策计划》在提出了 2030 年中期目标的同时，还提出了 2050 年的长期减排目标：截至 2050 年温室气体排放量削减 80%（未明确基准年）。

在此基础上，2020 年 10 月 26 日，日本新任首相菅义伟在上任后的首次国会主旨演讲中提出到 2050 年实现温室气体"净零排放"，也就是实现碳中和的长期发展目标。

三、各领域的主要减排措施

长期以来，日本为实现温室气体减排，在各个相关领域开展了积极的工作，从政府到企业再到公众，努力构建"低碳社会"成为社会共识。尤其在 2011 年震灾之后，日本国内以二氧化碳为主的温室气体排放量不降反升，使日本减排压力陡然增加。在继续开展已形成机制的减排工作的基础上，日本在以加速新能源应用为代表的能源结构优化、实施更为严格的节能措施、加速相关减排新的技术研发与推广应用、推进企业自主减排、发展绿色金融等领域开展了积极的减排工作，取得了阶段性成果。

1. 加强立法，制定《全球变暖对策促进法》明确中长期减排目标和减排路径

20 世纪 90 年代以来，日本政府在应对气候变化领域先后出台了《全球变暖对策促进法》《节约能源法（修订）》《循环型社会形成推进基本法》《环境友好促进法》《环境友好契约法》等相关法律文件。

其中，在 1998 年《京都议定书》签订后，日本政府制定出台了《全球变暖对策促进法》，以法律形式明确了应对气候变化、减少碳排放的重要地位。该法律在经过 2002 年、2006 年、2013 年、2016 年、2018 年等多次完善与修订后，形成了现行法律文件。该法律明确了基本原则，国家、地方政府、企业、个人在减排相关工作中的职责与义务，中央政府的推进机制与组织形式,中央及地方政府相关规划目标制定,排放量统计上报机制,宣教动员机制等事项,以法律形式确定了日本应对气候变化领域的工作机制与准则。在该法律框架下,日本政府于 2016 年出台了《全球变暖对策计划》。该规划明确了日本温室气体排放的中长期减排目标、各参与主体责任、各领域减排任务与减排路径、金融财税等促进措施、促进国际合作、推进机制的建立与完善等事项。该规划的规划期至 2030 年,是日本现阶段在应对气候变化领域最重要的综合发展规划。

2. 促进能源结构转变,加速新能源开发与应用

2014 年日本在其制定的《能源基本计划(第四次)》中,结合 2011 年赈灾状况、温室气体减排目标等提出了面向 2030 年的优化能源结构、降低温室气体排放的总体构想。其中,在电力供给结构方面提出了明确的数值目标,可再生能源比例提高至 22%～24%,并在 2018 年颁布的《能源基本计划(第五次)》中沿用了这一目标值。2018 年日本温室气体排放量稍低于 1990 年水平(图 5-2),但能源行业排放量占比已降低约 22%。

太阳能发电补贴与"可再生能源固定价格收购制度"(FIT)。日本政府从 1994 年开始先后制定了"家用太阳能发电系统补贴"政策、新能源电力交易与余电回购制度、FIT 等,补贴家用太阳能设备安装成本、稳定新能源电力购电价格等,促进新能源发电用电的普及。

2011 年震灾后,随着电力供给出现缺口和化石能源应用比例的提高,日本全面加速了新能源的应用。在《能源基本计划(第四次)》中明确提出了"从 2013 年开始的 3 年内,最大限度地加速可再生能源的应用,之后持续积极推进相关工作"的要求。在上述政策的推进下,太阳能板块的应用得到大幅增加,2018 年的应用规模是 2013 年的 5 倍,是 2010 年的近 20 倍。

打造氢能发展战略。2017年日本政府公布"基本氢能战略"，开始致力于打造"氢能社会"，目的在于实现氢能与其他燃料的成本平价，替代燃油汽车及天然气和煤炭发电，发展家庭热电联供燃料电池系统。

日本在《能源基本计划（第五次）》中，再次强调了氢能发展战略，将其作为新时期二次能源的重要发展领域之一。现阶段日本通过建立政府主导的"燃料电池机动车氢供给设备补助项目""构建基于氢能源的智能能源区域推进项目"等，直接推进氢燃料电池的普及、氢能汽车及加氢站的建设、氢能源示范区域试点等工作的开展。

3．强化各领域节能标准，加强节能监管

日本在20世纪70年代的石油危机后着力加强全社会的节能工作，在1979年颁布实施的《节约能源法》的促进下，日本在节能方面已走在世界前列。近年来，尤其是经历2011年震灾带来的短期能源短缺后，日本的节能工作持续加速推进。

（1）工业与运输领域

重点排放单位的报告义务。日本于2013年颁布了《节约能源法》，规定工厂所有者、货运客运单位、货物运输委托人有义务努力参与节能减排活动。其中，年能源使用量1 500 kL（按石油换算）以上的工厂、200台以上车辆的运输企业、年委托运输量超过3 000万t/km的运输委托人有义务向政府提交该单位中长期用能计划、定期用能与节能报告，此外对年度能源消耗3 000 kL（按石油换算）以上的大型用能企业，要求必须配备专业能源管理师。日本经济产业省等政府主管部门依据年度用能报告对重点企业进行评级、对优秀企业进行表彰、对滞后企业开展督导。

（2）建筑领域

建筑物节能标准的提升及建材领跑者制度的制定。日本政府在2016年最新修改的《全球变暖对策计划》中推广零能耗住宅，有目的性地推广LED等高效率照明工具及家用燃料电池，并推广在智能电表基础上的家庭能源管理系统。建立建筑物节能住宅能效标识制度以及相应的第三方评价机制。

对于新建住宅的节能设计，2015年国土交通省修改了《建筑物节能法》，要求面积在 300 m² 以上的建筑物[①]和住宅都需要符合国家节能标准（主要为隔热性能标准、能源消耗量标准等），呼吁 300 m² 以下的建筑物和住宅自主符合节能标准（类似于推荐性标准），要求建筑师向建筑物所有者解释节能标准。

在建材生产领域，《建筑物节能法》将领跑者制度扩展到了建材产品，将全年能源消耗效率（APF）等级划分应用在建材产品上，将当前的产品最高节能标准设定为平均标准，其他品牌产品需要达到平均标准并超越最高标准，目的在于追求产品性能的最优化。例如，在铝制窗框生产领域，要求各生产商追求更好的隔热性能，由多层玻璃的铝制窗框代替单层玻璃的铝制窗框，再由铝塑复合窗框及树脂窗框代代更新。

（3）机动车生产领域

不断提升燃料燃烧效率标准。经济产业省、国土交通省于2020年3月底更新了汽车燃效标准，提出了"2030年汽车燃效标准与2016年相比改善32.4%"的中长期目标，并进一步将电动汽车和插电式混合动力（PHEV）汽车列为适用对象。

经济产业省、国土交通省表示，2016年日本汽车实际燃效为19.2 km/L，

---

① 此处的建筑物指住宅以外的建筑，不包含住宅。

本次提出的 2030 年目标值为 25.4 km/L，改善效率为 32.3%；适用对象经过调整后，包括汽油车、生物燃料汽车、液化石油气汽车（LPG 汽车）、电动汽车、PHEV 汽车。

（4）办公与生活领域

政府部门示范性节能减排。2005 年日本环境省发布了《政府实行计划》，要求中央政府及其管辖的相关团体开展节能减排活动，给地方自治体及工商业的节能活动的展开做好示范作用。《政府实行计划》最近一次修改是在 2016 年，目标为"2030 年政府整体产生的温室气体排放量较 2013 年削减 40%，其中，到 2020 年时削减 10%"。

减排措施主要包括办公大楼引进能源管理系统、普及 LED 照明设备、更换新能源公务用车、实现新建建筑物零能耗等。2020 年环境省发布了《2018 年度政府实行计划的实施状况概要》，显示 2018 年中央政府温室气体排放量比 2013 年削减了 9%，距离 2020 年削减 10%的目标仅差 1%。

4．发挥行业协会团体优势促进企业自主减排

日本政府未针对企业设定强制性温室气体减排目标。现阶段企业减排模式主要为各行业协会团体主导的企业自主性减排活动，特点主要表现为"自愿性"，但同样起到了良好的效果。

行业协会呼吁会员企业参与自主减排，协助企业根据自身情况自主制定减排目标并开展有效的减排措施，每年由行业协会团体统一委托日本政府或第三方审查机构对整体减排情况进行审核，最终促成行业整体的减排。

这一模式主要从 20 世纪末《京都议定书》签订前后日本经济团体联合会（以下简称"经团联"）发起的"环境自主行动计划"发展而来，经团联是由 1 444 家日本大型企业、109 家行业协会团体、47 家地方经济团体组成的独立法人，在日本经济中占据非常重要的核心地位。

在经济产业省的监督和经团联的引领下，当前企业自主减排已形成了较为完整的模式，已成为日本减排整体体系中的一项重要部分，是工商业板块减排业务的主要管理模式。日本经济产业省数据显示，截至 2020 年 2 月底，参与企业自主减排的共有 115 个行业团体，其中包括经团联会员行业 62 个，所有的行业团体都分别归经济产业省、环境省等中央政府部门管辖，但无论行业团体是否为经团联的会员，在自主减排方面均由经团联统筹协助实施和每年委托审查。

企业自主减排模式主要涵盖四大板块，分别为以下各项：

①明确 2020 年及 2030 年的 CO_2 减排目标；

②其他领域也开发低碳产品和服务，为减排做贡献；

③推动技术向发展中国家转移，创造国际贡献；

④开发、引进创新型科技。

据经团联发布的最新的《基于 2017 年实际成绩上的低碳社会实行计划削减效果评价等事业》，经济产业省及环境省所管辖的 44 个参与该计划的行业中，已有 31 个行业在 2017 年超额完成了 2020 年的减排目标，有 14 个行业超过了 2030 年的目标。在这种情况下，已有 10 个行业向经团联表示已提高今后的目标值。

5. 促进绿色金融的开展

在日本温室气体减排领域，"绿色金融"是一项重要的促进措施。日本通过机制的建立，加强政府部门、政策性金融部门、商业金融部门等的协作，为面向企事业单位及家庭单元开展的减排、低碳城市、绿色建筑等试点、低碳技术研究等项目提供融资支持。

　　政府的直接推动。以日本环境省于 2013 年开始逐渐建立起的"面向环境金融扩大的利息补贴制度"为例，该制度旨在通过补贴制度促进金融机构为开展减排措施的企业提供低息贷款，推动企业减排工作的开展。补贴内容主要包括环保型融资利息补助基金制度，环境风险调查融资促进利息补贴，区域企业环境、社会和治理绩效（ESG）融资促进利息补贴。针对的融资内容为企业引进减排设备、开展减排相关的环境风险调查、打造减排方面的区域循环共生圈等。

　　补贴模式为日本环境省通过指定依托单位设立专项基金，由依托单位向经招标确定的合作金融机构提供补贴支持，最终由金融机构向符合条件的企业提供年利率低于 1%或 1.5%的低息融资。

　　金融机构的自主行动。除政策性银行、商业银行、保险服务企业等金融机构在政府补贴框架以外，日本也在积极开展基于本机构的绿色金融行动。陆续推出了如政策性银行日本政策投资银行的"促进环境友好经营融资业务"；大型商业银行瑞穗银行的"生态协助业务"、三井住友银行的"SMBC-ECO 绿色贷款业务"；地方型银行城南信用金库的"促进节能、新能源商业贷款业务"、大阪信用金库的"绿色企业环境友好融资"业务等特色金融产品，针对符合条件的企业的特定环保、节能、减排项目开展优先或优惠贷款。

　　此外，从温室气体减排角度，对于特定高排放领域，各金融机构根据自身情况制定限制性融资政策。如针对日本国内争议不断的燃煤火电领域，日本主要商业银行在近年纷纷提出了限制性策略。

四、日本的经验总结

日本是温室气体排放大国，其以二氧化碳减排为主体的温室气体减排工作起步较早，建立了良好的推进体系，并取得了阶段性成果。主要经验总结如下所述。

1．强化顶层设计，完善推进体系

在碳减排方面，日本是典型的"法制先行"的国家。1998年出台的《地球温暖化对策促进法》经多次修订完善，以法律的形式明确了应对气候变化、减少碳排放的重要地位。在法律框架下制定总体规划，明确中长期减排目标及路径并分解至各区域、部门。结合区域、行业碳排放的特点，有区分、有针对性地制定碳减排的目标和路径。国家层面高度重视，形成以首相牵头、以主管部长负责推进、以全体内阁成员参与的有力的推进体系。

准确把握排放现状与问题。日本建立了覆盖主要领域的良好的排放统计制度与管理机制。如日本《关于推进全球温室化对策相关法律》下的"温室气体排放量核算、报告、公开制度"，规定了符合条件的大型企业向指定中央政府部门申报排放基本状况与减排计划的义务。同时省市层面地方政府通过地方条例等形式规定了符合条件的本区域企业的申报义务。通过准确的信息统计，为政府部门把握排放现状和问题、制订进一步减排工作计划目标提供了依据和保障。

2．加速新能源的开发与应用

日本在2013年之后，快速实现了太阳能等可再生能源的应用规模的扩大。对核能暂停带来的能源结构失衡及能源不足起到了有效的补充作用，同时对二氧化碳减排起到了积极的贡献作用。此外，日本继续加大氢能源开发与应用等新的新能源领域的拓展。长久以来，日本在新能源相关技术研发、产业培育、成本控制、初装费用补贴制度、剩余电量回购制度、公众认可度等各环节开展了细致工作。日本的新能源应用快速推广，得益于基于总体方针以更长远的视角布局、推进新能源战略，从技术、产业、政策方面打通各环节"瓶颈"，系统推进新能源的有效应用。

3．多措并举，强化全社会节能工作

节能是日本促进二氧化碳减排工作的重要一环。日本已逐步形成了覆盖工业节能、交通节能、建筑节能、民用节能产品等在内的相关标准体系及综合推进体系。在制造业、运输业等领域建立了用能大户的用能节能督导制度；在服务业、家庭单元等建立了耗能设备器具的能效"领跑者制度"；在建筑领域建立了"住宅能效标识制度"等举措。在 2013 年日本新版《节约能源法》中进一步明确了企业节能数值目标、义务，全面提升了建筑节能标准，加大了"领跑者制度"的推进力度。此外，新节能技术、节能设备、节能产品及其研发在各领域的广泛推广，以及 AI（人工智能）·IoT（物联网）技术、大数据技术等 IT 技术在节能领域的应用，有效地促进了节能工作的开展。

4．发挥产业团体协会的力量，鼓励企业自主减排

现阶段日本企业的低碳环保意识普遍较高，违法违规行为大幅减少，在企业层面采取的"自主减排"取得了良好的效果。日本政府在《地球温暖化对策计划》中明确了推进产业界的"自主减排"在工业领域减排的重要作用，并提出了具体要求。作为政府和企业间重要纽带的行业协会、产业团体在政府主管部门的指导与协助下，通过行业减排规划编制、技术支

持、效果评价等形式有效地发挥了对协会和团体内会员企业减排工作的促进作用。

5．发挥"绿色金融"的力量

为配合解决严重的工业污染问题，日本金融领域从 20 世纪 70 年代中后期开始，通过贷款重点领域倾斜、贷款条件优惠等形式促进企业的绿色发展。近年来，相关体系建设更为完善，温室气体对策、二氧化碳减排成为重要支持对象，政策性金融机构、大型商业银行、区域性中小银行等均积极参与其中。形成了基于减排政策导向的政府财政、金融机构、减排企业间的协同机制。在企业项目贷款层面，通过评价体系对贷款目标企业的绿色度评级、减排潜力、减排承诺等的综合评估，金融机构通过为节能技改、工艺设备更新等具体项目提供低息贷款，对推进以二氧化碳减排为目标的相关项目顺利开展，起到了积极作用。

五、促进我国低碳发展的对策建议

1．加强顶层设计，不断完善法规政策标准体系

识别温室气体减排关键领域，制定低碳发展整体战略，并与全面深化改革部署和经济社会发展战略之间建立紧密联系。加快应对气候变化立法，在 2030 年前将二氧化碳排放管控纳入法律，在国家层面制定总体的碳达峰及碳中和路线图。

2．优化能源结构，提高清洁能源比重

大力开展能源革命，积极进行能源行业供给侧结构性改革，努力构建清洁、低碳、安全、高效的能源体系。继续努力控制和减少煤炭消费，合

理发展天然气，安全发展核电，大力发展可再生能源，积极生产和利用氢能，提高各经济部门的电气化水平，加强能源系统与信息技术的结合，实现能源体系智能化、数字化转型。此外，进一步建立和完善相应的财税、金融、产业、项目管理等政策，完善能源市场，积极建设绿色"一带一路"，引导海内外项目和投资进入绿色低碳领域。

3．完善推进机制，加速各领域的节能工作

加速各领域节能工作的开展。完善企业能效"领跑者制度"，健全标准体系，鼓励企业制定高于国家要求、行业标准的企业标准，促进重点耗能企业节能降耗工作。完善节能产品评价标准，加大针对节能器具、产品在研发、生产、终端等各环节的支持力度，促进优秀节能产品的普及应用。促进物联网、大数据等 IT 技术在节能领域的应用，构建基于信息化的节能管理与监管机制。

4．鼓励企业自主减排

积极推动企业尤其是碳排放量较大的龙头企业开展包括生产过程及产品生命周期等的自主减排工作。通过行业协会等在政府主管部门指导下自主制定相关行业碳排放指标体系、行业碳减排行动计划指南等形式为企业自主减排的开展提供技术支持。完善相关促进机制，如试点将碳排放指标纳入绿色工厂创建、企业"领跑者制度"等现行相关机制中，促进企业相关工作的开展。

5．开展气候投融资试点

积极推进应对气候变化投融资的发展，有效引导社会资金进入应对气候变化领域。加快气候投融资标准体系的制定，明确相关项目标准、气候效益，为金融机构的气候金融产品设计与应用提供基础。结合业已开展的

"绿色金融改革创新试验区"等试点实践，优先选取已开展低碳试点或已明确减排目标的省（市、区）开展包括标准、机制、模式、产品等在内的气候投融资试点工作。

第六章

韩国温室气体减排经验与启示[①]

近年来，韩国积极参与应对气候变化行动，将"低碳绿色发展"作为国家长期发展目标，提出了温室气体减排目标，实施了一系列政策与措施。经研究，韩国温室气体减排的措施和经验包括：一是组织气候变化专项立法；二是注重能源总体规划；三是开展各领域节能减排行动；四是实施绿色金融计划；五是提升气候外交影响力。借鉴韩国温室气体减排经验，本书就促进我国低碳发展提出以下对策建议：一是加强顶层设计，不断完善法规政策体系；二是制定能源发展规划，实现能源结构绿色转型；三是强化各领域节能提效，实施严格的节能标准；四是创新应对气候变化投融资方式，引导社会资本投入绿色低碳领域；五是加强舆论宣传和国际合作，不断提升我国应对气候变化的国际影响力和话语权。

---

① 杨大鹏、王树堂、崔永丽、王雪、李赛赛、王京、冉凡林执笔。

一、韩国温室气体排放现状

20 世纪 70 年代以来，韩国经济的高速增长带来了温室气体排放量的
持续增加。1990—2005 年，韩国温室气体排放量增长 86.8%，增长速度居
经济合作与发展组织（OECD）成员国之首，1998—1999 年受亚洲经济危
机的影响出现了明显的阶段性低值。2000 年后，随着经济复苏，韩国温室
气体排放量再度回升，尤其是 2010 年大幅提升，经历 2012—2015 年小幅
波动后，2016 年再度反弹升高（图 6-1）。

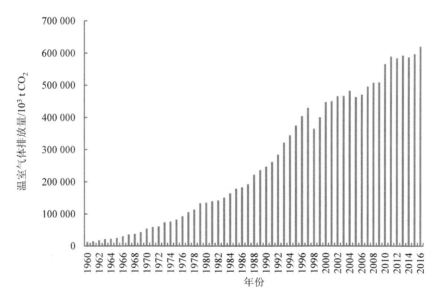

图 6-1 韩国温室气体排放量的变化（1960—2016 年）

二、碳排放中长期目标——2050 年实现碳中和

韩国属于工业制造型经济增长模式,经济发展严重依赖进口化石能源,能源对外依存度在 2008 年达到 97%。为此,2008 年李明博政府提出"低碳绿色增长"国家战略,成立绿色增长总统委员会,负责制定韩国绿色增长政策。目前,韩国的减排实施阶段主要目标有三个:第一阶段为哥本哈根峰会前夕提出的 2020 年目标,第二阶段为《巴黎协定》阶段提出的 2030 年目标,第三阶段为近期提出的 2050 年目标。

2020 目标:较基准情景(Business As Usual,BAU)减少 30%。2009 年,韩国政府提出,到 2020 年实现温室气体排放较 BAU 情景减少 30% 的自愿性目标。值得关注的是,2016 年 2 月 26 日,韩国放弃 2020 年温室气体减排目标。按照原定目标,2020 年的温室气体排放量应该降至 5.5 亿 t 左右。显然,韩国未能完成原有的 2020 年温室气体减排目标。

2030 年目标:较 BAU 情景减少 37%。2014 年,韩国政府向《联合国气候变化框架公约》秘书处提交了韩国应对气候变化"国家自主贡献"文件,提出到 2030 年实现温室气体排放较 BAU 情景减少 37% 的目标。

2050 年目标:实现碳中和。韩国总统文在寅在 2020 年 7 月正式发表了"绿色产业新政"政策,并发表了有关扩大电力、氢能源车辆和可再生能源普及等能源替代计划。韩国希望通过新政努力实现其《巴黎协定》的减排承诺,并利用新冠肺炎疫情后经济复苏的契机,推动经济发展的低碳转型。2020 年 10 月 28 日,文在寅总统表示:"将与国际社会一起积极应对气候变化,以 2050 年碳中和为目标。"韩国政府计划制定出一个到 2050

年成为碳中和社会的路线图，并设定新的 2030 年温室气体减排目标。

三、韩国的温室气体减排政策、措施和经验

韩国为实现温室气体减排，在各相关领域开展了积极的工作，从政府到企业再到公众，努力推动"绿色发展"成为社会共识，并在多领域开展了积极的减排工作，取得了阶段性成果。

1. 加强气候专项立法，制定应对气候变化中长期规划

尽管韩国作为发展中国家并不承担温室气体强制减排义务，但作为经济相对发达的国家，面临着较大的温室气体减排国际压力。早在 2008 年，韩国李明博政府便提出"低碳绿色增长"国家战略，通过建立能源、环境、经济的协调发展模式，逐步向低碳型经济转变。2010 年 1 月，韩国政府颁布了《低碳绿色增长基本法》，该法案吸收了已有的《能源基本法》《可持续发展基本法》《气候变化对策基本法》的相关内容，规定了 2020 年韩国的温室气体排放相对 BAU 情景降低 30%的目标，要求制定低碳绿色增长国家战略、发展绿色经济产业和实施能源转型等实施计划，该法案还引入了"总量控制与交易"的碳排放交易体系（ETS），利用市场机制实现国家温室气体减排。

2016 年 2 月，韩国出台了《第一轮应对气候变化基本计划》，这是《巴黎协定》后，为达成 2030 年的减排目标，韩国政府制订的第一个详细的综合计划。该计划提出将大力发展清洁能源，建立低碳社会，引导企业通过技术创新和运用市场机制来代替硬性的减排任务，并开始注重构建官民合作的社会体系来共同应对气候变化，提出到 2035 年，将新能源普及率提高

至 11%、发电量提升至 13.4%的具体目标。2019 年 10 月，韩国国会通过
了《第二次应对气候变化应对基本计划》，提出到 2030 年温室气体排放量
相比 2017 年减少 24.4%的计划，达到 2005 年的排放水平。

2．注重能源总体规划，通过绿色转型实现可持续发展

韩国 95%的能源依赖进口，一次性化石能源占比达 60%以上，能源安
全度低、结构不合理是制约韩国经济可持续发展的主要因素之一。韩国政
府紧紧围绕其国内庞大的能源需求以及贫瘠的能源资源现实情况，结合经
济社会发展情况及时对其能源政策导向进行调整，不断优化能源结构，加
快发展新能源和可再生能源，建立一个环境友好的低碳能源系统，保障其
经济增长、环境保护和能源安全。

自 20 世纪 90 年代末以来,韩国先后制定和颁布了 5 个能源总体规划。
其能源总体规划是一个涵盖所有能源行业的综合性规划，旨在为该国中长
期能源政策提供基本的理念、愿景、目标。韩国能源总体规划的规划期长
达 20 年，每 5 年修订一次。2019 年 5 月，文在寅政府颁布了《第三个国
家能源总体规划（2020—2040）》。该规划核心观点包括通过能源转型实
现可持续增长和提高生活质量，向清洁安全的能源结构过渡，扩大分布式
和参与式能源系统，增强能源产业的全球竞争力。该规划提出：一是将可
再生能源发电所占比例提高 4～5 倍，从 2017 年的 7.6%提高到 2040 年的
35%；二是扩大天然气作为发电燃料的作用，推动天然气消费多样化，扩
大 LNG 在卡车、港口拖车等交通领域的使用；三是扩大氢作为运输燃料
和发电燃料的应用，2019 年 1 月颁布了氢经济发展路线图，通过电动汽车
和氢动力车的扩张，减少石油在交通运输领域中的使用；四是通过新建核
电厂设施、按期关停现有核电机组，逐步推出核电；五是禁止新建和改扩

建燃煤电厂，实施冬春季关停、限制发电量等措施，大幅减少燃煤发电。

3. 开展各领域节能减排行动，引导民众主动参与节能

充分利用和节约能源是经济可持续发展的关键。为积极应对气候变化，开展节能减排行动，韩国政府设立了跨部门的协调机制，由国务调整室总负责，根据国家减排总体目标制定各部门减排任务，各部门依此制订具体减排计划，并负责制定相应的政策与减排行动。同时，建立政府与企业、政府与民间多种形式的协调机制，形成以市场、民间为主导，覆盖全社会的节能减排体系，并通过政策加快清洁能源产品的开发，引导企业和国民自觉减少能源消耗。

近几年，韩国政府先后在全国推广"绿色能源家庭""绿色照明""绿色发动机""绿色创意"等活动，通过签订节能约定等形式让企业、团体和公众自觉参与节能。2009 年开始，韩国以住宅小区为单位推广绿色能源示范区建设。在小区内采用太阳能、地暖、小型风力发电、燃料电池等新再生能源代替化石燃料供能方式。截至 2016 年，政府累计补助 7 304 亿韩元（约 6.4 亿美元），覆盖住户 22.2 万余家。目前正在由政府主导建设约 20 个绿色能源示范城，在更大范围内推广再生能源的使用。

积极推广能源管理体系（ISO 50001）。能源管理体系由国际标准化组织（ISO）的 ISO/PC242 能源管理委员会制定，旨在帮助企业进行能源管理、提高能源使用效率、减少成本支出以及改善环境效益。韩国积极推广该管理体系，2015 年，韩国能源产业园与 LG 显示公司等 22 家企业签订协议，正式实施规范的能源管理，并以此为基础在 2017 年推进"节能冠军"项目。

4．全面实施绿色金融计划，助力能源结构调整

2009 年，韩国全面启动绿色金融计划。特别是 2017 年以来，绿色金融取得了前所未有的进展，新能源和可再生能源获得绿色金融的重点支持。韩国公共机构在发行绿色债券方面发挥了重要作用，私营部门也积极参与韩国绿色金融计划，如商业银行、私募股权基金等。

韩国进出口银行于 2013 年发行了 5 亿美元的绿色债券，用于投资环境改善项目和可再生能源，于 2018 年 3 月又发行了 4 亿美元的绿色债券。韩国国家开发银行于 2017 年 1 月签署了赤道原则，并在韩国综合股价指数上发行并上市了 3 000 亿韩元（约 2.79 亿美元）的绿色债券。

在绿色基金方面，2017 年，韩国国家养老金基金（NPS）向两支绿色私募股权基金（PEFs）投资 2 000 亿韩元（约合 1.77 亿美元），主要投向可再生能源发电、垃圾处理等国内绿色基础设施建设。为了实现新能源和可再生能源发电占总发电量的比例提高到 20%的目标，国内金融机构积极设立新能源和可再生能源项目基金，如 2017 年新韩金融集团和 KB 金融集团分别设立了规模为 1 000 亿韩元（约合 8 846 万美元）和 1 500 亿韩元（约合 1.33 亿美元）的新能源和可再生能源基金，KDBInfra 资产管理公司管理着一项规模为 3 500 亿韩元（约合 3.1 亿美元）的太阳能光伏投资基金。

5．加强国际合作，以中等强国身份在气候变化外交领域积极发声

韩国通过各种国际合作渠道，推广本国技术、产业及商业模式，专门成立由各相关部门组成的协商对策小组，定期召开会议，收集各方意见，商讨合作计划。近年来，韩国的气候变化外交体制不断发展，目前呈现为以政府为主导，市民社会团体和产业界等利益相关者积极参与的多元互动格局，三方共同向国际社会传播其发展经验。

韩国首先从政府最高层级开始，构建了一套比较完善的官方环境外交机制，不同机构之间的跨部门协调比较成熟。早在 1998 年，韩国政府在总理办公室设立了协调性的应对气候变化机构委员会。2005 年，又成立了国家级的韩国气候变化专门委员会，为其气候外交提供政策支持，韩国政府还任命了专门的气候变化大使以及相关的能源及资源大使，直接从事相关外交活动。在内阁层面上，韩国外交部、企划财政部、产业通商资源部、环境部等相关部门积极参与，初步实现了大外交意义上的跨部门协作。同时，环保非政府组织和相关学术团体的作用日益突出，它们对韩国应对气候变化国际合作具有一定推动作用。

韩国不断加强参与全球性气候机制建设、行动倡导和多边机制创设，2012 年新成立的联合国绿色气候基金秘书处决定常设于韩国仁川，这对韩国的气候外交是极大的肯定。

四、促进我国低碳发展的对策建议

1. 加强顶层设计，不断完善法规政策体系

对《环境保护法》《大气污染防治法》等现有法律进行修订，增补应对气候变化相关内容，适时出台《国家应对气候变化法》，确立国家统一管理和地方部门分工负责相结合的应对气候变化管理体制和工作机制，全面提升国家应对气候变化治理体系和能力现代化。加快研究出台《低碳发展促进条例》等相关条例法规。统筹《国家应对气候变化法》与《节约能源法》《可再生能源法》《环境保护法》等相关法规。

2．制定能源发展规划，促进能源结构绿色转型

我国的能源现状在很多方面与韩国有相似和相通之处，化石能源消费占比高，能源消费强度大，面临着巨大的减排压力。我国可借鉴韩国能源发展战略和政策取向，完善"十四五"能源发展规划及专项规划，顺应世界能源绿色低碳发展大势，基于我国资源禀赋，积极推进能源结构转型，鼓励新能源和可再生能源发展，控制并尽可能减少煤炭消费，稳定石油消费，促进天然气消费，适度发展核电，重视核电的全生命周期安全。

3．强化各领域节能提效，实施严格的节能标准

完善节能审查制度，修订行业、工艺、产品和服务的能源效率标准，加强化石能源消费量较大的投资项目的节能审查和后评估，能效水平达不到设计要求的，限期整改。持续推进工业领域节能提效，淘汰落后产能，加快先进节能减排技术的应用，严格控制高耗能行业产能扩张。全面推进传统行业节能技术改造，推动重点企业能源管理体系建设，强化技术节能和管理节能。持续推进既有建筑节能改造，不断提升新建建筑节能标准，严格落实城镇新建筑强制性节能标准，加强绿色建筑项目实施质量的管控和引导。

4．创新应对气候变化投融资方式，引导社会资本投入绿色低碳领域

在逐步加大政府财政投入的基础上，积极推进应对气候变化投融资的发展，支持国家、地方及相关企业发行绿色债券，设立绿色基金，用于投资环境改善和可再生能源项目。鼓励各级财政专项资金和商业银行资金投向绿色基金，为应对气候变化提供资金支持。鼓励建立多层次碳排放交易市场，支持交易市场部分佣金收入用于碳减排政策研究、碳减排项目及绿色基金。营造有利于低碳项目发展的政策环境，推动建立低碳项目资金需

求方和供给方的对接平台，引导民间投资和外资进入低碳项目领域，支持和激励金融机构开发气候友好型的绿色金融产品，以价格优势引领绿色金融市场。

5．加强对外宣传，不断提升我国应对气候变化的国际影响力和话语权

我国主动做出碳中和承诺，推动新冠肺炎疫情后世界经济"绿色复苏"，向国际和国内社会展示了我国应对气候变化的信心和担当。应持续加强国际舆论引导，多渠道、多角度地做好面向国际社会的宣传，定期向国际社会公布我国在碳中和愿景下所制定的路线图、采取的行动方案和取得的阶段性成果，进一步拓展我国在应对气候变化领域的世界影响力。引导各级政府、行业、企业和科研院所积极参与气候变化领域的国际交流与合作，积极传递我国绿色发展理念，展示我国绿色低碳发展取得的巨大成就，提供中国产品、技术、标准和解决方案，提升国际话语权。

第七章

德国温室气体减排经验与启示[①]

德国于 2019 年 11 月通过《气候保护法》，首次以法律形式确定德国中长期温室气体减排目标：到 2030 年实现温室气体排放总量较 1990 年至少减少 55%，到 2050 年实现温室气体净零排放，也就是实现碳中和。德国将碳中和视为其作为工业大国和欧盟经济最强成员国的"特殊责任"。

本章概述了德国低碳减排的基本情况，系统介绍了德国碳减排的政策和措施及其在低碳发展方面积累的丰富经验，同时深刻分析了德国碳达峰的实现与其自身的碳减排政策和措施的直接关联。德国在低碳发展方面积累的经验包括：①建立了完备的低碳法律体系；②加快能源转型，实施"压煤弃核增氢"战略；③建立健全绿色金融体系；④重视煤炭地区和从业者公平转型。

为推进碳达峰、碳中和愿景目标的实现，结合我国实际情况，本书提出以下对策建议：一是进一步夯实应对气候变化法律基础；二是加快能源系统转型升级；三是创新投融资方式，加大对绿色低碳领域资本投入；四

---

① 李赛赛、杨大鹏、赵敬敏、王树堂、王雪、沈猛执笔。

是保障煤炭相关产业、地区及人员公平转型。

一、德国温室气体排放情况

德国联邦环境署表示，德国有望到 2050 年实现碳中和目标。这也意味着，德国电力、供热、交通、工业等各有关系统在能源供应方面，将实现完全依赖可再生能源。

1990—2010 年德国能源消耗引起的温室气体排放量已超过 80%，这也是德国大力推广节能降耗措施的根本原因。这一措施，一方面催生了供热和交通系统向电气化方向发展；另一方面加速了利用可再生能源发电进行水电解制氢技术的推广。随着"电转气"（即利用风电或光伏发电等可再生能源将水电解为氢气和氧气，再以之与二氧化碳反应产生甲烷）技术方案的应用，在极大降低能源消耗引起的温室气体排放的同时，也反过来刺激了可再生能源发电需求的大幅增长。根据《德国 2050——"碳中和"国》的报告预测，到 2050 年德国全年用电需求总量将达到近 3 000 TW·h。

二、德国的碳减排政策和措施

1. 建立了完备的低碳法律体系

德国政府于 2010 年 9 月 28 日出台了《能源方案》，涵盖发电供电、供暖采暖和交通等领域内容，为德国能源转型确定了基调。2016 年 11 月 17 日，德国政府提交了《德国 2050 年气候行动计划》，重申了到 2050 年温室气体排放量比 1990 年下降 80%～95%的目标，并首次提出了能源、建筑、交通、工业、农业和林业等领域的总体减排目标和路径。其战略措施主要包括：在能源领域提高可再生能源使用和进行热电联产，建筑领域构建气候中立型建筑物路线图，交通领域解决来自汽车、轻型和重型商用车辆的排放，工业领域减少工业过程中温室气体排放并考虑 CCUS 技术，农业领域协同各联邦州提倡使用具备严格标准的农业化肥，林业领域通过森林碳汇保护和提高碳封存。2018 年 9 月，德国联邦内阁先后通过了"高技术战略 2025（High-Tech Strategy 2025）"和"能源转型创新计划"。前者将应对气候变化和可持续发展作为社会重大挑战，提出了包括工业部门脱碳和零排放智能交通等 12 项德国未来研究与创新资助的重要使命；后者则确定了德国未来几年能源领域研究资助与创新政策的基本原则，将聚焦技术与创新转化、瞄准能源转型的跨部门和跨系统问题，在可再生能源和可持续交通等领域继续加强与欧盟和世界各国的合作。

为实现碳中和目标，德国于 2019 年 11 月 15 日通过了《气候保护法》，首次以法律形式确定德国中长期温室气体减排目标，规定到 2030 年实现温室气体排放总量较 1990 年至少减少 55%，2050 年实现温室气体净零排放，即实现碳中和。《气候保护法》明确了能源、工业、建筑、交通、农林等不同经济部门所允许的碳排放量、碳预算及中期减排目标，并规定联邦政府部门有义务监督有关领域遵守每年的减排目标。一旦相关行业未能实现减排目标，主管部门需在 3 个月内提交应急方案，联邦政府将在征询有关专家委员会意见的基础上采取相应措施确保减排。该法还规定，德国联邦政府部门应在所有投资和采购过程中考虑减排目标，在 2030 年率先实现公务领域的温室气体净零排放。《气候保护法》是德国为实现碳中和目标而制定的一项基本性、主干性法律，在德国经济社会发展中日益发挥重要作用。

2．加快能源转型，实施"压煤弃核增氢"战略

德国的能源消费在全球排名第5，仅次于美国、中国、俄罗斯和日本，但其自身资源匮乏，对能源进口依赖程度较高。近年来，德国将能源政策重点放在节约传统能源、提高能效以及发展新能源3个方面，以此摆脱对能源进口和传统能源的过度依赖，实现能源生产和消费的可持续发展。经过多年发展，截至2020年，新能源比例已经接近50%，风能、太阳能的应用规模占比快速增长，尤其是风能已成为德国新能源利用领域的重要组成部分。

德国实现能源转型有3个重要标志。第一个重要标志是可再生能源在未来成为主导能源。德国计划在2050年实现可再生能源占一次能源消耗总量的60%，占总电量的80%，可再生能源将替代煤发电和核电。第二个重要标志是能效大幅提高。预计2050年之前，德国的年能源生产率（即能源强度的倒数）将按2.1%的速度递增，相应地，电耗、油耗和热耗都将大幅降低。第三个重要标志是一次能耗下降。一次能耗不仅包括矿石能源，还包括可再生能源。到2050年，一次能耗需下降到2008年的50%，2011—2050年的能耗弹性系数为负，经济与能耗绝对"脱钩"。

能源减排领域是德国实现碳中和目标的关键。为如期实现碳中和，近年来，德国大力实施"压煤弃核增氢"战略，要求通过逐步停止使用煤炭、关闭核电站、扩大氢能和可再生能源使用来提高能源效率，计划到2030年，德国能源减排领域中的二氧化碳排放量将由2018年的2.94亿t减少到1.75亿～1.83亿t。

（1）压减燃煤

德国增长、转型和就业委员会（以下简称煤炭委员会）强调能源部门中煤炭退出的关键作用。2019年1月，德国煤炭委员会设计了退煤路线图，计划到2022年关闭1/4煤电厂；2020年7月，德国通过了《退煤法案》，确定到2038年退出煤炭市场并就煤电退出时间表给出详细规划，目前来看，德国有望在2035年提前结束煤电。在压减煤炭能源消耗的同时，德国计划2030年和2050年将可再生能源发电量占比分别提高到65%和80%，可再生能源消费占终端能源消费的30%和60%。

（2）弃用核电

德国境内原有36座核电站。迫于国内环保组织的强大压力和民众对于核安全的忧虑，特别是将乏燃料运往法国处理后再运回国内储存引发的大规模抗议活动，德国在联邦议院代表的所有各方同意下，于2002年通过了《核电逐步淘汰法》以及《可再生能源法》。2011年3月14日福岛核灾难发生后，德国联邦政府和联邦议院决定在德国有序终止使用核能，实施到2022年年底"逐步淘汰核能发电"的政策，以清洁可再生能源取代核电。截至2006年，已永久关闭核电站19座，2011年福岛核电站事故后又关闭了11座，目前正在运行的核电站仅有6座，分别由德国三大能源集团E.ON、RWE和EnBW负责运营。根据《原子能法》第13次修正案，核电站运营商必须将剩余核电站于2022年之前永久关闭。

（3）实施氢能战略

发展氢能可助力大规模消纳可再生能源，实现深度脱碳，围绕深度脱碳和促进能源转型，德国创新提出电力多元化转换（Power-to-X）理念。具体而言，利用可再生电力能源电解水制取低碳氢燃料，以此构建规模化绿色氢气供应体系。截至 2019 年年底，德国已有在建和运行的"可再生能源制氢+天然管道掺氢"示范项目 50 个，总装机容量超过 55 MW。2020年 6 月 10 日，德国通过了《国家氢能战略》，旨在把德国建设成为"全球领先的现代氢能技术供应商"。《国家氢能战略》计划总投入 90 亿欧元以促进氢的生产及应用，其核心是"只有基于可再生能源生产的氢气（绿氢）"。根据已确认的计划部署，德国 2030 年将安装最高为 5 GW 的绿氢电解槽，最晚在 2040 年前在国内建成 10 GW 的电解"绿氢"产能。这一计划将拉动电解槽工业实现快速发展，与当前的安装量相比，10 年间这一规模将增长 200 倍。同时，在 90 亿欧元总投资计划中，20 亿欧元将用于在摩洛哥等合作伙伴国家建立大型的制氢厂。2021 年 1 月 13 日，德国联邦教研部宣布将投入约 7 亿欧元资金资助该国 3 个氢能示范项目，重点用于突破水电解槽批量生产技术、氢气安全运输技术以及氢衍生品绿色制备技术，着力降低零排放氢气制取成本，以进一步落实《国家氢能战略》。

（4）加强储能技术

2020 年 7 月，德国联邦教研部投资 1 亿欧元用于资助 4 个新的电池研究能力集群，以此进一步加强德国的电池研究格局，重要研究主题包括：电池智能生产，提高电池生产效率；电池绿色回收利用，形成材料回收再用闭环；电池使用方案优化，确定二次使用电池存储的时间和应用范围；电池性能分析和质量优化，提高锂离子电池性能，以确保使用的长久性与安全性。

3．构建绿色金融体系

德国通过绿色金融市场化的制度安排引导和激励社会资本更多地投入绿色产业发展，为企业提供长期充足的资金支持，并通过提供更多的绿色金融产品和服务支撑绿色发展。

（1）绿色信贷

复兴信贷银行（KFW）成立于 1948 年，是德国唯一的联邦政府和州政府全资拥有的政策性银行，也是德国最大的银行，受政府委托管理德国财政预算中的援助款项。KFW 通过项目制提供长期的低息贷款和返还奖励，积极配合德国实施的各项政策和战略，如"可再生资源投资扶持贷款项目"和"能效改造项目"。早在 2003 年，KFW 就参与了碳排放交易；2012 年，通过实施"能源转型行动计划"直接支持能源转型。据统计，2012—2016 年，KFW 支持能源转型行动计划的资金规模高达 1 030 亿欧元。2017 年，KFW 提供了总计 765 亿欧元的资金，其中 43%用于旨在保护气候和环境的措施。现阶段，随着德国能源转型力度的不断加大，KFW 持续开发绿色金融产品，在绿色金融体系中发挥着关键作用。

（2）德国能源署

德国能源署是德国联邦政府、KFW、德国安联保险集团、德意志银行和德国联邦银行共同控股的机构。该机构是提高能效、推动可再生能源和智能能源系统发展的职能中心，其首要任务在于协助德国政治界、经济界以及社会各界落实德国的能源转型政策。多年来，德国能源署围绕能源有效利用和可再生能源展开各项业务活动，推动企业项目规划实施，并以政府相关政策和资助计划作为有益补充。

（3）为中小企业提供信贷帮扶

德国在发展低碳经济的过程中，运用各种经济政策手段对中小企业和机构提供投资补贴、低息贷款和返还型补贴扶持；通过气候保护能效和创新伙伴关系、中小企业中央创新计划、市场激励计划和中小企业能效专项基金等筹集社会资本，加大对提高能源效率、减少温室气体排放和可再生资源领域的扶持。2009 年，德国政府和德国复兴信贷银行合作成立了全球碳基金，向本地小企业和机构提供与环保相关的咨询和资金帮助，并以较低价格为发展中国家提供新型碳信用。

4．促进社会公平转型

健全的补贴政策、切实的落地实施和根据实际发展的适时调整升级是德国新能源得以快速发展的重要一环。为保障德国去煤进程的正常推进，2020 年 1 月，德国联邦与州政府就淘汰燃煤的条件谈判达成共识，将斥资 400 亿欧元，用来补贴因淘汰燃煤而经济发展受创的地区，补贴其因能源转型造成的损失，如给电厂运营商支付一定经济补偿，实现能源基础设施和电力系统的现代化。为减轻对相关产业人群的影响，确保以社会可接受的方式实施公平转型，联邦政府每年将从财政预算中划拨 20 亿欧元为煤矿工人和电厂职工等提供再培训和就业重新配置。与此同时，在风能、太阳能等领域，及其相关建设项目的加速、应用规模的扩大，FIT 补贴政策、税收优惠等配套促进政策上起到了有力的支撑作用。随着应用比例的提高及企业的参与性的提高，2018 年以来，对于太阳能、风能的 FIT 补贴政策正在逐步退出，相关促进政策体系进入调整期。与此同时，对于氢能应用的税收优惠、设备补贴等新的促进政策正在逐步落地。

三、促进我国低碳发展的对策建议

当前，我国正处于社会主义现代化建设进程，工业化、城镇化进程不断推进。德国在低碳减排领域的积极探索和实践，对我国的低碳发展有着重要的借鉴意义。

1．进一步夯实应对气候变化法律基础

积极推动国家层面制定并出台应对气候变化法律，统筹整合我国应对气候变化的配套法律、法规，建立健全国家应对气候变化管理机制体制，进一步加强我国应对气候变化法治体系建设。通过法律保障我国应对气候变化工作的落地落实，以确保我国碳达峰与碳中和目标如期实现。

2．加快能源系统转型升级

能源系统转型是实现碳中和的关键。现阶段应抓紧研究碳总量控制和碳强度控制的协调问题，逐步由碳强度控制向碳总量控制过渡。为如期达到碳中和目标，一是必须推动向可再生能源主导的电力系统脱碳的跨越式转变，加快清洁能源开发利用，在安全的前提下积极有序发展核电；二是加速太阳能、风能、氢能等新能源技术的研发和推广应用，提高可再生能源使用比例，构建清洁、低碳、安全、高效的现代能源体系；三是重点攻克一批对节能减排带动性大、覆盖面广、低碳发展关联度高的关键技术及配套集成技术，如二氧化碳捕集与封存技术，为我国节能减排低碳发展提供技术保障。

3．创新投融资方式，加大对绿色低碳领域资本投入

积极推进应对气候变化投融资的发展，支持国家、地方及相关企业发行绿色债券，设立绿色基金，积极改善投资环境，大力发展可再生能源项目。鼓励建立多层次碳排放交易市场，支持交易市场部分佣金收入用于碳减排政策研究、碳减排项目及绿色基金。加强绿色低碳导向的企业投融资资金引导机制，营造有利于低碳项目发展的政策环境，引导民间投资和外资进入低碳项目领域，支持和激励金融机构开发气候友好型的绿色金融产

品，以价格优势引领绿色金融市场。加大力度研究环境信息披露与共享机制，为企业的绿色低碳投融资决策提供环境信息。

4．保障煤炭相关产业、地区、人员公平转型

为煤炭生产、消费相关产业及煤炭依赖程度较高地区提供可靠的产业转型方案，保障相关产业的能源供应安全，尽量降低相关地区和相关产业转型中的经济损失，防范转型过程中的系统性金融风险。重视引导煤炭相关从业人员的再就业，通过建立专项资金，保证从业人员的收入水平和社会福利，为其提供针对性的再培训、再教育计划或创业辅导等，以确保相关从业者"零失业"，防范社会不稳定因素的产生，同时，持续做好转型过程中的监测、评估和调整工作。

第八章

碳达峰与碳中和背景下需加强我国非二氧化碳温室气体控制[①]

温室气体包括二氧化碳等 7 种气体，其中甲烷（CH_4）、一氧化二氮（N_2O）、氢氟碳化合物（HFCs）、全氟化碳（PFCs）、六氟化硫（SF_6）、三氟化氮（NF_3）等属于非二氧化碳温室气体。我国面临非二氧化碳温室气体排放总量底数不清、部分相关技术储备不足、相关减排政策缺乏统筹协调等问题，加强非二氧化碳温室气体控制具有重要意义。结合我国实际情况，对于加强非二氧化碳温室气体控制提出以下对策建议：一是尽早将非二氧化碳温室气体减排纳入我国低碳发展的长期战略，探索设定非二氧化碳温室气体减排指标和温室气体整体减排目标；二是摸清底数，制定并及时更新完整的国家温室气体清单；三是促进非二氧化碳温室气体减排关键技术的研发、推广和示范。

---

① 王树堂、崔永丽、路国强、杨大鹏、周七月、赵敬敏、林臻执笔。

一、我国非二氧化碳温室气体排放基本情况

根据《中华人民共和国气候变化第三次国家信息通报》及第二次两年更新报告，2014 年中国温室气体排放总量（不包括土地利用、土地利用变化和林业）约为 123.01 亿 t 二氧化碳当量，非二氧化碳温室气体排放量为 20.26 亿 t 二氧化碳当量，占比 16.5%，其中甲烷、一氧化二氮和含氟气体排放量分别为 11.25 亿 t、6.10 亿 t 和 2.91 亿 t 二氧化碳当量，分别占温室气体排放总量的 9.1%、5.0% 和 2.4%。甲烷、一氧化二氮排放主要来源于能源活动和农业活动，含氟气体排放来自工业生产过程。

1．我国非二氧化碳温室气体排放呈持续增长趋势

非二氧化碳温室气体排放过去 20 年呈快速增长趋势，未来仍将持续增长，若不加以管控，将抵消 CO_2 减排努力的成效。根据世界资源研究所预测，我国 2030 年非二氧化碳温室气体排放量将超过 28 亿 t 二氧化碳当量。有关研究显示，按当前排放趋势和政策力度，非二氧化碳温室气体排放总量呈上升趋势，到 2050 年排放量约 32 亿 t 二氧化碳当量，年均增长率约为 1%。

2．我国非二氧化碳温室气体减排存在的问题

非二氧化碳温室气体排放总量的家底不清。整体来看，我国虽然建立了温室气体统计制度，并按照联合国气候变化框架公约（UNFCCC）的要求报送国家信息通报，但是针对非二氧化碳温室气体减排的数据统计和监测体系尚不完善，距离《巴黎协定》对温室气体排放数据完整性和准确性的要求尚有提升空间。

非二氧化碳温室气体减排的技术储备不足。非二氧化碳温室气体减排面临挑战：一是发达国家氢氟碳化物减排技术已经比较成熟，我国氢氟碳化物减排技术研发和示范应用比较滞后，其他含氟气体尚无适用替代物，亟须加快技术研发；二是煤炭企业安全生产标准高，煤层气甲烷抽采利用技术不够成熟且成本较高；三是工业部门的一氧化二氮减排技术国内缺乏研究，需从国外购置贵金属催化剂。

二、加强非二氧化碳温室气体控排具有重要意义

1. 主动控制非二氧化碳温室气体排放有利于我国全面实施控制温室气体排放政策与行动

目前我国非二氧化碳温室气体排放量约占温室气体排放总量的 16%。近年来排放量仍有所上升。为确保碳达峰和碳中和，应进一步扩大温室气体排放控制范围，不断健全温室气体排放控制相关制度，把非二氧化碳温室气体排放逐步纳入温室气体排放量化管控范围，强化非二氧化碳温室气体排放控制目标的战略导向作用，落实相应的政策与行动。

2. 主动控制非二氧化碳温室气体有利于提升我国应对气候变化国际形象

当前，我国面临做出有法律约束力的国际承诺的压力。2013 年 9 月，20 国集团峰会上各国领导人决议明确逐步减少氢氟碳化物的使用。《〈关于消耗臭氧层物质的蒙特利尔议定书〉基加利修正案》要求 2024 年大多数发展中国家 HFCs 排放量冻结在基线值以下，2029 年排放量比基线值降低 10%，2045 年排放量比基线值降低 80%。目前，我国正在履行基加利修正

案的国内批约手续。此外，由于非二氧化碳温室气体减排带来的环境效益比较突出，一些发达国家将非二氧化碳温室气体减排作为主要的履约手段，并已开始通过非正式外交或学术交流等途径渗透其推动非二氧化碳温室气体减排的意图。部分发展中国家也已明确将非二氧化碳温室气体纳入总量控制范围。作为负责任的大国，主动控制非二氧化碳温室气体排放应是我国强化应对气候变化行动的一项重要战略举措。

3. 主动控制非二氧化碳温室气体排放有利于推动相关行业的可持续发展

控制能源活动甲烷排放不仅有利于降低能源活动温室气体排放总量，同时还有去产能、增加能源回收利用、降低安全风险、减少环境影响等多重效益。控制氢氟碳化物排放既有利于协同管控《关于消耗臭氧层物质的蒙特利尔议定书》下的受控物质排放，也有利于推广我国低增温潜势氢氟碳化物替代技术和产品的研发、应用和推广。此外，控制农牧业和废弃物处理领域甲烷和一氧化二氮排放不仅能够有效控制化肥施用量，也有利于提高农牧业和城市废弃物处理的资源回收利用率。

三、发达国家对非二氧化碳温室气体控制的措施和经验

主要发达国家在履行《京都议定书》所承诺的温室气体减排活动中积累了很多经验。欧盟颁布了欧盟含氟气体 F-gas 法规［Regulation（EU）No.517/2014（F-Gas regulation）］等强制性的政策法规，对于含氟温室气体的储存、使用、回收及销毁，相关产品设备的标识、报告，特定产品设备的销售、培训和资质认证等事宜进行了规定。美国制定了温室气体强制

报告制度，实现了强制性的、自下而上的排放源具体排放数据的统计，准确掌握不同设备、不同行业的具体排放情况，翔实的数据为美国的政策选择提供了坚实的基础。同时，鼓励行业协会组织实施企业自愿性减排。

1. 欧盟

2006年，欧盟议会和理事会制定了欧盟含氟气体F-gas法规[Regulation（EU）No.517/2014（F-Gas regulation）]。该条例管控目标包括《京都议定书》管控下的 17 种全球变暖潜能值（Global Warming Potentials）高于 150 的 HFCs、7 种 PFCs 和 SF_6。条例对于此类含氟温室气体的储存、使用、回收及销毁，相关产品设备的标识、报告，特定产品设备的销售、培训和资质认证事宜进行了规定。该条例主要从两方面来实现排放控制：一方面是在已有较好环境友好的替代品且应用经济成本较低的情况下，通过限制含氟气体产品及设备的使用和销售来避免此类气体的应用；另一方面是在没有成熟替代品的情况下，尽量避免含氟气体的泄漏。2011 年 9 月，欧盟理事会对此条例进行了评估。评估结果显示，经过 4 年的实施，该条例已有效减少了近 300 万 t 二氧化碳当量的温室气体排放。

另外，2015 年 1 月 1 日，《欧盟含氟气体法规》正式实施。该法规规定从 2015 年起，逐步减少可在欧盟境内销售和使用的含氟气体主要类别——碳氟化合物的产品总量，到 2030 年将此类产品总量减少至目前水平的 20%。

欧盟在废弃物处理行业采取的减排措施主要是对 CH_4 的回收利用和燃烧处置。欧盟成员国于 1999 年开始增加相关的法令和法律法规，要求新增加的设备中必须带有填埋气的回收装置。特别是德国，要求回收利用废弃物处理中排放的温室气体。

2．美国

2013 年 6 月 25 日，奥巴马政府发布了《应对气候变化国家行动计划》，明确减排重点是电厂、能源效率、氢氟碳化合物和甲烷 4 个领域。该计划指出，在"显著新替代方案"（SNAD）下，美国能够、也应该采取更多措施彻底减少国内的氢氟碳化物排放。该计划也强调了控制甲烷排放的重要性，鼓励制定跨部门的甲烷减排战略，完善甲烷排放数据管理。

美国建立了温室气体强制报告制度。2008 年，美国国会要求美国环保局对美国所有经济部门温室气体排放达到一定程度的排放源实行强制性温室气体排放报告制度。报告制度的目的在于建立一个强制性的、自下而上根据排放源报告的具体排放数据，以掌握不同设备、不同行业的具体排放情况。所需报告的气体包括二氧化碳、甲烷、一氧化二氮、氟化物等，监测对象的适用范围共涵盖了 31 个工业部门和种类，包括美国主要产业部门的企业，如电厂、锅炉、垃圾填埋场、燃料供应商、炼油厂等。强制报告制度发挥了积极作用，提高了温室气体排放量的计算精度，对温室气体总量控制目标的制定发挥了指导作用。

美国鼓励行业协会组织实施企业自愿性减排。1995 年美国原铝生产企业通过铝工业自愿合作伙伴组织与美国环保局确立了自愿性合作伙伴关系（VAIP），原铝生产企业向社会承诺减少铝冶炼生产过程中的 PFCs 排放。1999 年，VAIP 成员企业覆盖了美国 94%的原铝产能。VAIP 针对每个成员企业设定了具体的减排目标，同时为目标的实现制定了定期申报制度。

为控制煤炭生产行业的非二氧化碳温室气体，美国先后出台了《能源政策法》《能源意外获利法》《应对气候变化国家行动计划》等相关政策法规，鼓励、支持煤层气的开发利用。美国对煤层气生产税收实行"先征后返"的政策，即先按照联邦税法征税，然后根据《能源意外获利法》第29条税收优惠政策再给予税收补贴，税收补贴值随着产量的增加而增加。

四、加强非二氧化碳温室气体管控的对策建议

我国到2030年实现碳达峰，主要任务是控制能源消费中的二氧化碳排放。2060年实现碳中和，需要逐渐从控制二氧化碳排放扩展到对全部温室气体排放的控制，非二氧化碳温室气体管控是实现2060年碳中和目标的关键因素之一。

1．尽早将非二氧化碳温室气体减排纳入我国低碳发展的长期战略，探索设定非二氧化碳温室气体减排指标和温室气体整体减排目标

针对非二氧化碳温室气体减排做好战略部署，尽快制定近期、中期、远期目标和行动计划。对非二氧化碳温室气体减排的技术和政策进行深入梳理，进一步完善非二氧化碳温室气体减排的政策体系，制定非二氧化碳温室气体减排的战略和规划，出台相应标准，做好顶层设计；结合温室气体减排方案，制定非二氧化碳温室气体减排的行动计划，并将其纳入国家整体战略。建议针对非二氧化碳温室气体中排放量占比较大的气体排放源，结合现国内履行基加利修正案的相关工作，对煤炭生产行业CH_4排放、作为臭氧层耗损物质替代物的 HFCs 排放、HCFC-22 生产过程副产物的HFC-23 排放等设定减排目标，在将来进一步推广形成部门减排目标，并最终设定涵盖所有经济部门的温室气体减排整体目标。定期开展对省级人民政府目标完成情况的评估考核，明确责任清单，分解落实目标，建立年度报告和中期评估等目标考核制度。

2．摸清底数，制定并及时更新完整的国家温室气体清单

完善监测和统计，摸清非二氧化碳温室气体排放家底。及时、可靠、可信、细致（按物种分类或按行业分类）的温室气体排放量数据，是识别非二氧化碳温室气体排放源、评估温室气体排放量排放趋势、确定优先减排行动的重要数据基础。要以实现满足《巴黎协定》高水平履约为契机，适时建立覆盖各领域的包括非二氧化碳温室气体在内的温室气体排放监测和统计制度，组织开展非二氧化碳温室气体核算和监测，提高包括非二氧化碳温室气体在内的排放清单编制频率，摸清我国温室气体排放情况和趋势。建议针对工业源、煤矿、废弃物等领域建立企业温室气体排放强制报告制度，完善基础数据统计工作。

3．促进非二氧化碳温室气体减排关键技术研发、推广和示范

坚持自主研发与技术引进相结合，充分挖掘适合我国国情的实用技术和配套设备，加强整装成套技术设备的国产化试点示范、应用和推广。重点加强含氟温室气体的替代、煤层气甲烷回收利用、电解铝行业全氟化碳控制、一氧化二氮工业尾气处置等方面技术的研发等。针对非二氧化碳温室气体减排所需的消减需求、原料替代、生产方式改良、提高利用效率、末端回收利用和处置分解 6 类技术，分别制定技术路线图，明确关键技术的发展路径，对相对成熟的技术加快推广并做好示范。

参考文献

[1] European Commission. European Climate Law[EB/OL]. 2020-3-4/2020-11-24. https: //eur-lex.europa.eu/legal-content/EN/TXT/PDF/？ uri=CELEX：52020PC0080&from=EN.

[2] European Commission. 2030 Climate Target Plan[EB/OL]2020-9-17/2020-11-25. https: //eur-lex.europa.eu/legal-content/EN/TXT/PDF/？ uri=CELEX：52020DC0562&from=EN.

[3] European Commission. A European Green Deal：Striving to be the first climate-neutral continent[EB/OL]. 2019-9-20/2020-11-20. https: //ec.europa.eu/info/strategy/priorities-2019-2024/european-green-deal_en.

[4] Germany. Federal Climate Change Act[EB/OL]. https: //www.bmu.de/fileadmin/Daten_BMU/Download_PDF/Gesetze/ksg_final_en_bf.pdf.

[5] The Parliament of United Kingdom. Climate Change Act 2008[EB/OL]. 2019-6-27/2020-11-25. https: //www.legislation.gov.uk/ukpga/2008/27/contents.

[6] Swedish Environmental Protection Agency. Sweden's Climate Act and Climate Policy Framework. 2020-11-23.http：//www.swedishepa.se/Environmental-objectives-and-cooperation/Swedish-environmental-work/Work-areas/Climate/Climate-Act-and-Climate-policy-framework-.

[7] World Resources Institute. Turning Points：Trends In Countries' Reaching Peak Greenhouse Gas Emissions Over Time.2017.11.

[8]　Federal Ministry for Economic Affairs and Energy. Integrated National Energy and Climate Plan[EB/OL].[2020-10-18].

[9]　Emanuele Massetti，Simona Pinton & Davide Zanoni（2007）National through to local climate policy in Italy，Environmental Sciences，4：3，149-158，DOI：10.1080/15693430701742685.

[10]　Deutsche Gesellschaft für Internationale Zusammenarbeit（GIZ）. A brief history of the German national reporting system on climate change[EB/OL].（2018）[2020-10-21].

[11]　Brett Smith，B.A. France：Environmental Issues，Policies and Clean Technology[EB/OL].（2018-07-24）[2020-10-21].

[12]　UNFCCC. Roadmap for Carbon Neutrality 2050（RNC2050）　Long-term Strategy for Carbon Neutrality of the Portuguese Economy by 2050[EB/OL].（2019-06-06）[2020-10-21].

[13]　Marland G，Boden T A，Andres R J. Global，regional and national CO_2 emissions in trends：A compendium of data on global change[EB/OL]. Oak Ridge：Oak Ridge National Laboratory，2005.

[14]　Michael Dalton，Brian O'Neill，Alexia Prskawetz，et al. Population aging and future carbon emissions in the United States[J]. Energy Economics，2008，30（2）：642-675.

[15]　Richard S J Tol，Stephen W Pacala，Robert H Socolow. Understanding Long Term Energy Use and Carbon Dioxide Emissions in the USA[J]. Journal of Policy Modeling，2009，31（3）：425-445.

[16]　Soytas U，Sari R，Ewing B T . Energy consumption，income，and carbon emissions in the United States[J]. Ecological Economics，2007，62：482-489.

[17]　http：//eng.me.go.kr/eng/web/index.do？menuId=463 Climate Change.

[18]　https：//data.worldbank.org.cn/indicator/EN.ATM.CO2E.PC？locations=KR　CO_2 emissions（metric tons per capita）-Korea，Rep.

[19] https: //climateactiontracker.org/countries/south-korea/current-policy-projections/

[20] https: //en.yna.co.kr/view/AEN20200508002200320.Yonhap News Agency（2020） South Korea unveils draft plan to foster renewable energy.

[21] Intergovernmental Panel on Climate Change. Global warming of 1.5°C[R].2018.

[22] The Parliament of United Kingdom. Climate Change Act 2008[EB/OL]. 2019-6-27/ 2020-11-25.

[23] Swedish Environmental Protection Agency. Sweden's Climate Act and Climate Policy Framework. 2020-11-23.

[24] 孙钰，李泽涛，姚晓东. 欧盟低碳发展的典型经验与借鉴[J]. 经济问题探索，2012（8）： 180-184.

[25] 柴麒敏，徐华清. 全球温室气体排放差距报告评述与政策建议[J]. 世界环境，2020（2）： 55-58.

[26] 陈怡，孙莉，李晓梅，等. 欧盟长期温室气体低排放发展战略草案的分析和对中国的启示借鉴[J]. 世界环境，2019（5）：69-71.

[27] 姚明涛，熊小平，赵盟，等. 欧盟汽车碳排放标准政策实施经验及对我国的启示[J]. 中国能源，2017，39（8）：25-30，38.

[28] 刘坚，任东明. 欧盟能源转型的路径及对我国的启示[J]. 中国能源，2013，35（12）：8-11.

[29] 陈惠珍. 减排目标与总量设定：欧盟碳排放交易体系的经验及启示[J]. 江苏大学学报（社会科学版），2013，15（4）：14-23.

[30] 朱松丽，王文涛，高翔，等. 美国应对气候变化政策新动向及其影响[J]. 全球科技经济瞭望，2013（7）：18-23.

[31] 李国志. 基于状态空间模型的日本碳排放影响因素分析及启示[J]. 资源科学，2013，35（9）：1847-1854.

[32] 李晴，石龙宇，唐立娜，等. 日本发展低碳经济的政策体系综述[J]. 中国人口·资源与环境，2011.

[33] 中国尽早实现二氧化碳排放峰值的实施路径研究课题组. 中国碳排放：尽早达峰[M]. 北京：中国经济出版社，2017.

[34] 李艳芳. 各国应对气候变化立法比较及其对中国的启示[J]. 中国人民大学学报，2010，24（4）：58-66.

[35] 齐绍洲. 中欧能源效率差异与合作[J]. 国际经济评论，2010（1）：138-148.

[36] 王刚. 美国与欧盟的碳减排方案分析及中国的应对策略[J]. 地域研究与开发，2012，31（4）：142-145.

[37] 杨荣海. 美国碳排放量和经济增长的政策效应分析[J]. 低碳经济，2010，26（7）.

[38] 温岩. 刘长松. 罗勇. 美国碳排放权交易体系评析[J]. 气候变化研究进展，2013（2）：144-149.

[39] 王慧，张宁宁. 美国加州碳排放交易机制及其启示环境与可持续发展[J]. 环境与可持续发展，2015（6）：128-133.

[40] 袁奇，刘崇仪. 美国产业结构变动与服务业的发展[J]. 世界经济研究，2007（2）：57-64.

[41] 日本经团联. 基于平成29年度实绩低碳社会实行计划的削减效果评价等事业[R]. 2020.

[42] 周杰. 日本企业温室气体自愿减排的机制、成效与问题[M]. 清洁能源蓝皮书：温室气体减排与碳市场发展报告，2016.

[43] 常杪，田欣，杨亮. 中日碳排放模式比较与日本低碳发展政策借鉴[J]. 中国科学技术协会学会学术部会议论文集，2011.

[44] 常杪，杨亮，王世汶. 日本政策投资银行的最新绿色金融实践——促进环境友好经营融资业务[J]. 环境保护，2008（10）.

[45] 李继嵬. 韩国温室气体减排制度安排对我国的启示[J]. 经济纵横，2015（6）：115-117.

[46]　Deokkyo Oh，Sang-HyUp Kim，郏志坚，等. 韩国绿色金融：障碍及解决方案[J]. 金融发展评论，2019（7）：27-51.

[47]　陈炳硕，富贵. 韩国清洁能源发展概述[J]. 全球科技信息瞭望，2017（6）：9-13.

[48]　国际能源小数据. 拜登推"绿色新政"，誓言上任第一天重返巴黎协定！[EB/OL]. http：//www. tanpaifang. com/tanguwen/2020/0610/71416. html[2020-06-10].

[49]　陈海嵩. 德国能源问题及能源政策探析[J]. 德国研究，2009（1）：9-16，78.

[50]　陈晓红，王陟昀. 碳排放权交易价格影响因素实证研究——以欧盟排放交易体系（EUETS）为例[J]. 系统工程，2012（2）.

[51]　嵇欣. 国外碳排放交易体系的价格控制及其借鉴[J]. 社会科学，2013（12）.

[52]　陈惠珍. 论政府调控碳价的理论基础与法律进路[J]. 价格理论与实践，2014（2）.

[53]　刘志坦. 我国气电产业"十四五"发展之思考[J]. 电力决策与舆情参考，2020（37）.

[54]　周月秋，朱戈，殷红，等. 碳交易对银行信用风险的压力测试[J]. 清华金融评论，2020（9）.

[55]　中华人民共和国生态环境部 2020 年 9 月例行新闻发布会实录[EB/OL]. http：//www. mee. gov. cn/xxgk2018/xxgk/xxgk15/202009/t20200925_800543. html[2020-09-25].

[56]　世界资源研究所. 全面减排迈向净零排放目标——中国非二氧化碳温室气体减排潜力研究[R]. 2016.

[57]　中华人民共和国国务院. 强化应对气候变化行动——中国国家自主贡献[R]. 2015.

[58]　崔永丽，林慧，杨礼荣，等. 中国氟化工行业 HFC-23 减排潜力分析. 气候变化研究进展[J]. 2013.

[59]　生态环境部. 中国气候变化第三次国家信息通报及第二次两年更新报告核心内容解读[S]. 2019.